별 헤는 밤을 위한 안내서

한스 아우구스토 레이

허윤정 옮김
감수 및 추천 이정모(국립과천과학관장)

별 헤는
밤을 위한
안내서

EBS
BOOKS

지금은 우주 시대다. 로켓들이 인류사에서 상상도 하지 못할 속도로 지구를 떠나 지구와 달, 태양 주위에서 궤도를 그리며 돌고 있다. 사람들은 달에 발을 디뎠고, 모든 행성에 우주탐사선을 보냈다. 유치원에 다니는 아이들도 '궤도'와 '인공위성' 같은 말들을 알고 있다.

그래서 이 모든 것이 별이 빛나는 밤하늘을 바라보는 아주 오래된 즐거움에 어떤 영향을 주었을까? 이제 별 보기는 시대에 뒤떨어지는 일이 된 걸까?

하지만 별 보기는 한물간 일이 아니다. 그리고 앞으로도 그럴 일은 절대 없을 것이다. 우리는 이 지구에 살고 있고 계속 살아갈 테니까. 날이 저물면 우리는 밖으로 나가 심호흡을 하고 하늘을 올려다볼 것이다. 그곳에는 언제나 변함없이 별들이 존재할 것이다. 별들은 심지어 달이나 화성 또는 가장 먼 행성인 해왕성에서도 지구에서 보이는 것과 똑같이 보인다.

밤마다 별들은 그곳에 있다. 매일 밤 우리의 호기심과 지식욕을 불러일으키면서.

석기 시대건 우주 시대건 간에 인간은 선대의 할아버지·할머니들이 어렸을 때 했던 질문을 할 테고, 그 후대의 손자·손녀들도 똑같은 질문을 할 것이다.

"저건 무슨 별이지?"

명왕성에 대해 알아두기

지난 15년 동안 명왕성 너머 많은 천체들이 발견되는 바람에 2006년 국제천문연맹에서는 태양계의 행성을 비롯해 천체들의 정의를 변경하는 투표를 실시했다. 그 결과, 새로운 정의에 근거해 명왕성은 왜행성[난쟁이 행성(dwarf planet)이라는 뜻으로 왜소 행성이라고도 함 – 옮긴이]으로 재분류되어 태양계의 아홉 번째 행성 자격을 잃고 말았다.

그 정의에 따르면 행성은 태양 둘레를 돌고, 자체 중력으로 거의 구형(球形)이 될 만큼 크며, 다른 행성의 위성이 아닌 천체다. 또한 그 궤도 주변에는 이웃 천체들이 제거되어 존재하지 않는다. 이는 행성이 근처에 있는 비슷한 크기의 다른 천체들을 모두 끌어당겼거나 밀어냈다는 얘기다.

그에 반해 왜행성은 태양 둘레를 돌고, 자체 중력으로 거의 구형이 될 만큼 크며, 다른 행성의 위성도 아니지만, 궤도 주변의 이웃 천체들을 제거하지 않은 천체다.

차례

제1부

별자리의 모양

밤하늘을 여행하는
새로운 방법

이 책은 밤에 밖으로 나가 주요 별자리들을 찾아보는 즐거움을 누릴 수 있을 만큼만 별을 알고 싶어 하는 사람들을 위해 쓰였다.

물론 별에 대한 지식이 없어도 밤하늘의 별을 즐길 수 있다. 그러나 별에 대해 아주 조금이라도 알고 본다면 그 즐거움은 무한대로 커진다. 별들이 계절을 알려주는 것을 지켜보는 일, 예정된 시간과 장소에서 별들이 뜨는 광경을 바라보면서 1년 내내 세상 그 무엇보다도 믿음직한 별들의 행로를 따라가는 일이야말로 신나는 경험이다.

게다가 별을 아는 사람은 쉽게 길을 잃지 않는다. 땅에서든 바다에서든 공중에서든 밤하늘의 별들이 시간과 방향을 알려주기 때문이다. 그런 정보는 많은 경우에 도움이 된다.

또한 태양계 안의 우주를 탐험하는 사람에게도 지구의 지표가 존재하지 않는 곳에서 별자리들이 유일한 이정표이자 낯익은 길잡이가 되어줄 것이다.

별을 잘 알면 즐거우면서도 유익하다. 그래서 많은 사람들이 별을 알고 싶어 한다. 하지만 문제는 별을 아는 사람이 매우 드물다는 것이다.

그것이야말로 정말 이상한 일이다. 우리는 지도책을 자주 들여다보지 않아도 미국 지도에서 50개 주를 손쉽게 가리킨다. 반면에 맑게 갠 밤하늘에서는 금세 우리의 호기심을 자극하면서 연구 대상이 되는 별들을 볼 수 있으나 우리 가운데 50개의 별자리를 가리킬 수 있는 사람은 거의 없다.

우리가 시도하지 않아서가 아니다. 다들 한 번쯤은 애써 별들에 관한 책을 펼치지만 대부분 북두칠성을 아는 수준을 넘지 못한다.

별을 주제로 한 책들은 수없이 많고 그런 책들은 거의 모든 면에서 아주 잘 설명하고 있다. 그러나 한 가지 중요한 점에서 우리를 실망시키는 것 같다. 바로 '별자리들을 보여주는 방식'이다.

　별자리들은 저마다 흥미로운 이름을 지니고 있다. 그렇기 때문에 우리는 자연히 별을 다룬 책들이 사자나 고래, 처녀 등의 모양을 띤 별무리들을 보여줄 것이라 기대한다. 하지만 그 책들에서는 사자든 고래든 그 비슷한 모양도 찾아보기 힘들다.

　어떤 책들은 별들 주변에 임의로 그림을 그려 넣어 우리가 하늘에서 도저히 찾아낼 수 없는 현란한 우화적 형상을 보여준다(그림 2 참고). 또 어떤 책들은, 별자리들을 기하학적 형태로 연결해 보여줌으로써 그게 무슨 형상인지 도무지 알 수 없고 별자리 이름과도 아무런 관련이 없게끔 만들어 당혹스럽게 한다(19쪽 그림 3 참고). 이런 표현 방식들은 우리가 밤하늘에서 별자리를 찾아보고 싶을 때 별 도움이 되지 않는다. 우리의 목적은 밤하늘에서 별자리를 찾아내는 것인데.

결국 별자리는 우리의 흥미를 끌지 못하고, 밤하늘도 예전처럼 미지의 상태로 남아 있게 된다. 그리고 낙심한 우리는 쉽게 포기하고 만다.

쌍둥이자리, 큰곰자리, 고래자리

이 책은 그런 상황을 바꾸고자 하는 데서 출발한다. 새로운 그래픽 방식을 이용해 별자리 이름의 의미를 연상시키는 모양으로 별자리들을 보여주는 것이다. 이를테면 '큰곰자리'라고 알려진 별무리는 곰 모양으로, '고래자리'는 고래 모양으로, '독수리자리'는 독수리 모양으로 말이다. 그 밖의 별자리들도 마찬가지다. 이런 모양들은 기억하기 쉬운 데다 일단 기억해두면 밤하늘에서 그 형상을 다시 찾아낼 수 있다.

게다가 이 책에서는 내내 우리말 별자리 이름을 사용한다. 대부분의 책에서는 라틴어와 그리스어 명칭을 사용하지만 타우루스(Taurus)나 보외테스(Boötes), 시그너스(Cygnus) 같은 말들은 언어학자가 아니고서는 무슨 뜻인지 거의 짐작이 가지 않는다. 반면에 황소자리나 목동자리, 백조자리라고 하면 곧바로 이미지가 떠오른다. *

다음에 나오는 그림들에서 별자리 모양을 나타내는 기존 방식들과 새로운 그래픽 방식을 차례로 살펴보자. 쌍둥이자리 (Gemini)를 예로 들어보겠다.

그림 1: 쌍둥이자리 – 별무리

이 그림은 별자리를 구성하는 별들을 밤하늘에서 보이는 그대로 옮겨놓은 것인데, 밝은 별도 있고 희미한 별도 있는 불규칙한 별들의 집단이다.

우화적 그림을 사용하는 책과 별자리 지도에서는 쌍둥이자리

....

★ 여러 나라에서 펴내는 별들에 관한 대중 서적을 보면 별자리 이름들이 그 나라 말로 표현되어 있다. 예를 들면 프랑스, 독일, 이탈리아, 러시아 등 천문학에서 위상이 높은 나라들이다. 학계에서는 여전히 라틴어 명칭을 사용하지만, 어쨌든 익숙한 언어로 시작하는 것이 좋다. 라틴어와 그리스어 명칭이 궁금하다면 48~127쪽의 별자리 지도, 346쪽의 별자리 목록과 328쪽의 찾아보기를 참고하기 바란다.

를 아래와 같이 보여준다.

그림 2: 쌍둥이자리 – 우화적

이 그림은 근사하게 꾸민 것처럼 보이지만 실제 별들과는 거의 관련이 없다. 밤하늘에서는 이런 형상으로 '보이지' 않는다. 이런 그림은 도움을 주기보다는 오히려 혼란을 일으킨다.

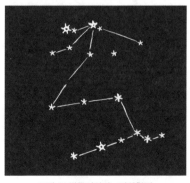

그림 3: 쌍둥이자리 – 기하학적

기하학적 형상을 사용하는 책들은 쌍둥이자리를 우화적 표현과 다를 바 없는 수준으로 보여준다.

이 그림은 그나마 합리적이다. 어떤 화려한 멋도 부리지 않았다. 하지만 의미가 없는 상형문자와 같다. 쌍둥이가 전혀 드러나지 않는다. 밤하늘에서 이 형상을 찾으려고 하면 뭘 찾으려 했는지 잊기 십상이고 그런 형상을 기억하기도 불가능하다.

이 책에서 사용하는 새로운 그래픽 방식은 아래와 같이 쌍둥이자리를 보여준다.

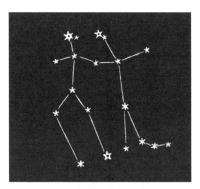

그림 4: 쌍둥이자리 – 그래픽

별들을 연결하는 선들이 명확한 형상을 염두에 두고 별자리 이름이 나타내는 모양으로 그려져 있다. 이 별들은 앞서 본 세 그림과 정확히 일치한다. 한번 확인해보라. 별들은 원래 위치에서 전혀 변동이 없다. 하지만 이제 그 모양은 의미를 띤다. 막대 형태로 단순화한 두 사람이 손을 잡고 있는 모습의 '쌍둥이자리'가 보이지 않는가? 이 형상을 밤하늘에서 찾아내려면 처음에는 별자리 지도의 도움이 필요하지만 나중에는 기억으로 가능하다.

　그래픽 방식은 이 책에 나오는 가능한 모든 별자리에 활용된다. 다만 두세 개의 별로 이루어진 몇몇 별자리는 이름에 어울리는 모양을 만들어내지 못했는데 어쩔 수 없었다. 사람이 모두 가질 수는 없나 보다. 심지어 별자리에서도.

　별자리 모양을 나타내는 기존 방식과 새로운 방식을 비교한 예를 몇 가지 더 제시하겠다.

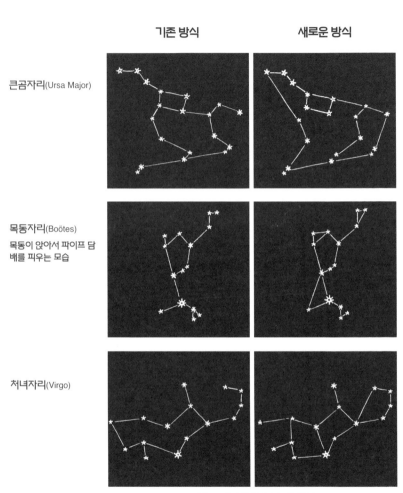

기존 방식   새로운 방식

큰곰자리(Ursa Major)

목동자리(Boötes)
목동이 앉아서 파이프 담배를 피우는 모습

처녀자리(Virgo)

그림 5: 기존 방식과 새로운 방식
양쪽 그림에 나오는 별들의 배열은 동일하며
별들을 연결한 선만 유일하게 다르다.

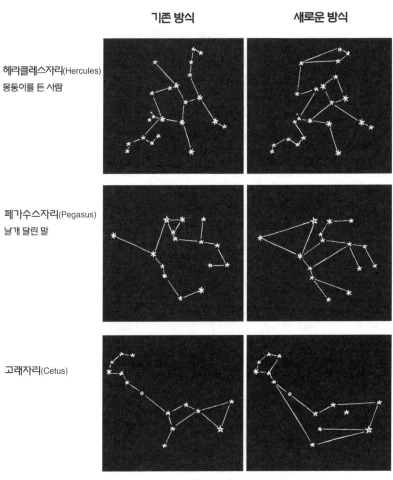

기존 방식　　　　　　　**새로운 방식**

헤라클레스자리(Hercules)
몽둥이를 든 사람

페가수스자리(Pegasus)
날개 달린 말

고래자리(Cetus)

그림 6: 기존 방식과 새로운 방식
양쪽 그림에 나오는 별들의 배열은 동일하며
별들을 연결한 선만 유일하게 다르다.

어쩌면 이 새로운 방식은 새롭지 않을 수 있다.

인간의 눈은 의미가 있는 형태를 '보려고' 한다. 그런 의도가 없을 때조차 우리는 구름, 나무, 산 등을 바라보면서 사람, 동물, 사물 같은 익숙한 대상의 모양으로 인식한다. 그것은 오락이나 취미 그 이상인데, 인간의 마음속에 깊이 뿌리박힌 경향이며 그렇게 믿을 만한 이유 또한 있다. 역사가 기록되기 오래전부터 인류는 어리둥절할 정도로 많은 낱개의 별들 사이에서 별무리가 만든 '형상을 인식'함으로써 처음으로 길을 찾았다. 아마도 지금 우리가 하려는 작업이 바로 선사 시대 사람들이 했던 그 일이리라. ★

우리가 지금 알고 있는 별자리들은 대부분 이미 5천 년도 더 전에 이집트와 메소포타미아에서 그 기원을 찾을 수 있지만, 그 옛날 그 지역에는 일반 독자를 대상으로 삽화가 들어간 책들이 존재하지 않았다. 아마도 그때 부모들은 모래 위에 막대기로 별들의 형상을 그려 보여주면서 자녀들에게 별을 가르쳤을 것이다.

하지만 옛날 사람들이 실제로 그랬는지 아닌지는 지금 중요하

....

★　옛날 우리 선조들이 하늘에서 '그림들을 보았다'는 단서는 영어를 제외한 모든 게르만어파에서 별자리를 의미하는 말이 문자 그대로 '별 그림(star picture)'이라는 사실에서 찾을 수 있다. 예를 들면, 별 그림을 스웨덴어로는 'Stjärnbild', 노르웨이어로는 'Stjernebilde', 덴마크어로는 'Stjernebillede', 아이슬란드어로는 'Stjörnumerki', 독일어로는 'Sternbild', 네덜란드어로는 'Sterrenbeeld'라고 한다.

지 않다. 과거에는 그 시대 사람들의 방식에 따라 하늘을 해석했을 테니까 오늘날 우리도 우리 방식대로 자유롭게 하면 된다. 현재의 해석이 별을 알고 싶어 하는 사람들에게 더 쉽게 가닿는다면 그것으로 이 책의 목적은 충분히 달성된 셈이다.

첫 단계와 명백한 사실

수학이 필요 없다

이 책은 야외에서 활용하는 실용서다. 처음에는 우리가 '언제, 어디서, 무엇을' 볼 수 있는지 짚어보는 정도로만 말하고, '왜'에 대한 이야기는 나중에 살펴볼 것이다. 만약 황도에 대한 이야기로 시작하거나 항성일이 태양일보다 4분쯤 짧은 이유를 먼저 말한다면 틀림없이 이런 반응이 나올 것이다. "내가 이걸 다 알아야 돼? 난 그냥 별자리만 알고 싶다고!" 물론 그 말이 맞다. 이제 별을 아주 잘 알게 되면 밤하늘을 한 번 쳐다보고 나서 이렇게 말할 수 있다. "저기 아르크투루스(Arcturus)가 있네!" 수학을 파고들지 않아도, 심지어 지구가 둥근 모양이고 태양 주위를 돈다는 사실을 몰라도 말이다.

3천여 년 전에 살았던 평범한 칼데아인(바빌로니아 남부에 살았던 셈족계 유목민 – 옮긴이) 양치기가 오늘날 대학 졸업자들보다 하늘에 대해 더 잘 알았을 것이다. 하지만 양치기에게 지구는 평

이럴 필요 없다.　　　　　　오직 이렇게 되기만을 바란다면!

평한 원반이었다. 게다가 별들은 매일 밤 특별한 신들이 천상의
견고한 아치형 천장을 건너면서 가지고 다니는 작은 등불들이
고, 그 배열이 엄격하게 정해져 있어 절대 변하지 않는다고 양치
기는 아마 믿었을 것이다.

　우리는 별 보기를 조금 해본 뒤에야, 아니면 별을 바라보는 동안
에 '왜'라는 물음이 생긴다. 그래서 이 책의 마지막 부분인 제4부에
서 그런 궁금한 내용들을 간단히 다룰 예정이니 그 부분을 정독

이보시오, 아니, 지금 사자자리를 모른다는 말씀이오?

하기 바란다. 지금 당장 그 부분으로 넘어가고 싶다면 얼마든지 그래도 좋다. 다만 한 번 읽고 모든 내용을 명확하게 이해하지 못했다고 해서 낙심하면 안 된다.

그럼 이제 실용적인 단계부터 시작해보자.

밖에 나가서 밤하늘을 보라

별을 알고 싶다면 자주 밖으로 나가 밤하늘을 바라보라. 이때는 가로등이나 건물, 나무 등이 시야를 지나치게 가리지 않는 장소를 고르자. 도시에 산다면 아파트 옥상이 좋은 천문대가 되어준다. 별을 보기에 이상적인 때는 당연히 달이 없는 맑은 날 밤이다. 질투심 많은 달이 희미한 별들을 모두 가리기 때문이다. 하지만 그런 밤하늘은 흔치 않아서 마냥 기다릴 수만은 없다. 달빛이 잠깐 비치거나 구름이 약간 껴도 꽤 많은 별들을 볼 수 있다. 설령 별자리를 만드는 별들이 일부만 보이더라도 별자리를 한번 완성해보자. 달빛이나 구름 같은 장애물 때문에 게임은 더 재미있기만 하고 이 모든 게 하늘과 친해지는 데 도움이 된다.

장비는 없어도 된다

어떤 장비도 필요하지 않다. 준비물은 오로지 이 책과 '손전

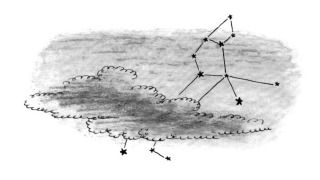

등'뿐이다. 손전등은 어둠 속에서 별자리 지도를 볼 때 필요하다. 손전등의 유리를 매니큐어로 '빨갛게' 칠해놓는 것도 좋은 방법이다(효과가 정말 좋다). 하얀빛을 보다가 밤하늘의 별을 보면 일시적으로 눈이 안 보이는데 붉은빛은 그런 불편함을 덜어준다.

나침반은 집에 두고 와도 된다. '북두칠성'을 알면 나침반이 없어도 '북쪽'을 찾을 수 있다. 설령 북두칠성을 몰라도 사람들에게 물어보면 누구나 알려줄 것이다.

쌍안경도 필요 없다. 달이나 행성, 성운 같은 개별 대상을 연구하고 싶다면 또 모를까, 쌍안경으로 보면 시야가 너무 좁아져 하나의 별자리를 통째로 찾아내는 데 별 도움이 되지 않는다. 게다가 이 책에 소개된 별자리 모양을 만드는 별들은 맑고 캄캄한 밤하늘에서는 전부 다 맨눈으로 볼 수 있다.

끝으로 집에 두고 와야 할 것은 '별 보기가 어렵다'는 생각이다. 별 보기는 중간 난이도에 해당하는 십자말풀이보다도 정신적 노력이 들지 않고, 최소한 그 정도만큼 재미난 일이다.

밤하늘의 별은 몇 개나 될까?

밤하늘을 잘 모르는 사람들은 맑은 날 밤에 쌍안경 없이 볼 수 있는 별의 수를 과대평가하기 쉽다. 대부분은 수만 개일 거라고 추측하지만 그것은 정답에서 너무 벗어난 숫자다. 육안으로 보이는 별의 수는 아주 최상의 조건에서도 한 번에 '고작 2천 개 정도'다. 시인들이 수백만 개의 별들에 대해 이야기한다면 그들은 망원경을 사용하고 있거나 아니면 과장하는 것이다. 과장은 시인들의 특권이니 그들의 말을 곧이곧대로 믿어서는 안 된다.

물론 2천 개의 별들을 하나하나 알아야 할 필요는 없다. 별자리를 구성하는 별들이 있는데 그저 가볍게 별을 보는 사람들은 그것만 알면 된다. 하지만 그중에서도 유난히 밝거나 흥미로운 별이 30개쯤 있다. 그런 별들은 이름과 함께 어디서 찾을 수 있는지 알아두면 좋다. 예를 들면 시리우스, 카펠라, 직녀별(베가) 등이고, 잠시 후에 만날 '북극성'도 그런 별이다.

별자리의 수 역시 그렇게 엄청나지 않다. 전체 하늘에 88개가 있을 뿐이다. 그중 약 60개는 우리가 있는 위도에서 보이지만*

절대 모든 별자리를 한꺼번에 볼 수는 없다. 항상 볼 수 있는 별자리는 고작 20여 개 정도다. 만약 좀 더 중요한 '별자리 30개'를 알고 있으면 밤하늘에 대한 실용 지식이 풍부한 사람이 된다. 그러니 밖에 나갈 때마다 두세 개씩 별자리와 친해지자. 그러면 곧 별자리 30개를 전부 알게 될 것이다.

나머지 별자리들은 대부분 크기가 작고 그 안에서 밝게 빛나는 별이 없다. 그런 별자리들은 좀 더 중요한 별자리들 간의 틈새를 채우는데, 계속 별들을 따라가다 보면 언젠가는 나머지 별자리들도 발견하는 날이 올 것이다.

....

★   모든 별자리를 볼 수 있는 유일한 곳은 적도인데, 심지어 그곳에서도 한꺼번에 전부 다 보지는 못한다.

북쪽과 북극성 찾기

별자리를 찾으려면 먼저 자신이 어디에 있는지 방향부터 잡아야 한다. 나침반 없이 '북두칠성'의 도움을 받아 '북쪽'을 찾아보자. 방법은 이렇다. 우선 북두칠성을 찾는다. 그다음에는 상상력을 발휘하여 오른쪽 그림에 나오는 대로 국자 모양의 별자리에서 손잡이로부터 가장 멀리 떨어진, 국자 머리의 별 두 개를 선으로 잇고 그 선을 5배 정도 연장한다. 그러면 꽤 밝은 별 하나와 마주치는데, 그 별이 바로 '북극성(Pole Star)'인 폴라리스(Polaris)다. 북극성은 근처에 밝은 별들이 없기에 놓칠 수가 없다. 북두칠성의 국자 머리에 있는 두 별은 언제나 북극성을 가리키고 있어 '지극성(指極星, Pointers)'이라는 아주 논리적인 이름으로 불린다.

북극성은 그 특유의 위치 때문에 매우 중요한 별이다. 그것은 거의 정확히 천극(天極)에 있다. 하늘 전체가 그 지점을 중심으로 돌고 있는 것처럼 보이므로(그 움직임에 대해서는 잠시 후에 다시 이야기하겠다) 북극성은 사실상 하늘에서 늘 그 자리에 있다. 그 위치는 '정북쪽'이고(그래서 이름도 북극성이다), 북위 40도쯤* 되는 지역에서 보면 하늘 중간쯤, 정확히 말하면 지평선과 천정(天頂) 사이의 중간이다. 천정은 우리 머리 위에서 수직으로 올라갔을 때

....

★   북위 40도는 대략 뉴욕, 필라델피아, 인디애나폴리스, 덴버, 솔트레이크시티의 위도에 해당한다. 그보다 북쪽으로 멀리 갈수록 북극성의 고도는 높아지고, 남쪽으로 멀리 갈수록 북극성의 고도는 낮아진다.

지극성은 국자 모양의 북두칠성이 어떤 위치로 바뀌든 항상 북극성을 가리킨다.

그림 7: 북두칠성과 북극성

천구(天球)와 닿는 지점을 말한다. 만약 지금 북극성을 마주 보고 있다면 '북쪽'을 보고 있는 셈이다. 따라서 나침반의 도움을 받지 않아도 오른쪽은 '동쪽', 왼쪽은 '서쪽', 그리고 바로 등 뒤쪽은 '남쪽'이 된다.

우산 천문관

북극성은 하늘에서 유일하게 자기 자리를 지키는 별이다. 다른 별들과 별자리들은 모두 '하루에 한 번' 반시계 방향으로 천극 주변을 이동하는데, 마치 텅 빈 거대한 구 안에 별들이 붙박여 있는 것 같다. 바꿔 말하면 우리 눈에는 하늘 전체가 '북극성

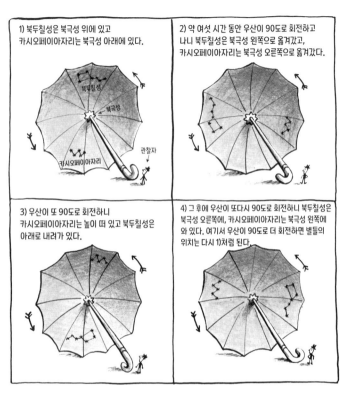

그림 8: 우산 천문관

을 중심으로 천천히 회전하는' 것처럼 보인다(더 정확히 말하면 별들이 한 바퀴 도는 데는 23시간 56분이 걸리는데, 하루 24시간보다 모자란 이 4분이 중요하다. 하지만 여기서 그 문제를 고민할 필요는 없고 나중에 253~257쪽에서 살펴볼 것이다).

이 회전을 시각화하기 위해 커다란 우산을 하나 머릿속에 떠올려보자. 그 우산 한가운데에 북극성이 있고 당신은 우산의 손잡이 끝에 서 있다. 우산 표면에는 북두칠성과 카시오페이아자리가 있다. 우산이 천천히 회전하면서 별들이 북극성 주위를 도는 모습이 보인다.

우리는 당연히 하늘이 실제로 도는 게 아니라 회전의 주체가 지구임을 알고 있다. 하지만 우리 눈에 보이는 결과는 똑같다.

하늘 전체가 회전하는 동안 별들은 서로의 위치를 바꾸지 않는다. 지극성은 줄곧 북극성을 가리키고 있고, 카시오페이아자리는 항상 북두칠성 맞은편에 있으며, 그 밖의 사항도 마찬가지다. 따라서 이 별들은 행성(行星, Planet)과는 반대로 '항성(恒星, Fixed Star)'이라 불린다.

북두칠성을 비롯한 큰곰자리, 카시오페이아자리 그리고 그보다 희미한 네 개의 별자리(작은 국자, 케페우스자리, 용자리, 기린자리)는 천극 주변에 배열되어 있으며 거리도 그리 멀지 않다. 이 별자리들을 '주극(周極)별자리', 그런 별들을 '주극성'이라고 부른다. 주극별자리는 북극성 주변을 돌면서 이동함에 따라 하늘 높이 또는 낮게 떠 있을 때도 있지만 그래도 언제나 지평선 위에 있다. 이 별자리들은 뜨거나 지는 일이 없으므로 1년 내내 언제든 볼 수 있다. *

천극에서 더 멀리 떨어진 대다수의 별자리들 역시 하루에 한

번 천극을 중심으로 회전하면서 이동하지만 일부 시간대에는 지평선 아래로 내려간다. 그 별들은 동쪽에서 떠 하늘을 가로질러 이동한 뒤 서쪽으로 진다. 그리고 1년 중 장기간이나 단기간 동안 시야에서 사라진다. 이 때문에 11월에는 아무리 사자자리를 찾으려 해도 소용이 없고, 5월에 오리온자리를 찾는 일도 마찬가지다(지금 당장은 이런 사실을 알고만 지나가자. '왜, 어떻게' 그런지는 나중에 살펴볼 것이다).

어떤 별자리들은 우리가 있는 위도에서 아예 보이지 않는다. 그 별들은 지평선 아래에서 매일 한 바퀴씩 회전하기 때문이다. 예를 들면 '남십자성'이 그렇다. 남십자성을 비롯해 먼 남쪽에 있는 별자리들을 보려면 남쪽으로 멀리 이동해야 하고, 멀리 갈수록 더 잘 보인다. 혹시 남반구를 여행할 일이 있을 때는 이 책을 가져가라. 이 책은 우리가 있는 북위 30~50도 지역을 중심으로 구성되었지만 별자리 지도에는 알래스카까지 아우르는 먼 북쪽 지역의 하늘과 오스트레일리아와 아르헨티나가 있는 먼 남쪽 지역의 하늘도 포함하고 있다.

남반구에서는 1년 중 어느 밤이든 남십자성이 보이지만 거기서 우리에게 친숙한 북두칠성을 찾으려 하면 헛일이 될 것이다.

……

★ 대략 북위 40도에서 가능하다. 플로리다, 하와이, 푸에르토리코, 버진아일랜드 같은 미국의 최남단 지역에서는 주극별자리가 하늘에 낮게 떠 있을 때 별자리 일부가 지평선 아래로 잠긴다.

그러나 시드니나 부에노스아이레스 사람들을 부러워할 이유가 없다. 북두칠성과 남십자성을 둘 다 본 사람들은 북두칠성이 더 멋지다고 하나같이 입을 모으니까.

북두칠성? 그런 별은 한 번도 본 적이 없는데......

제2부

별자리 만나기

우리가 찾는 그 별은 어디에 있을까?

앞으로 살펴볼 17장의 별자리 지도에서 한 번에 몇 개씩 별자리를 알아보자. 틈틈이 여유롭게 별자리 모양을 공부하는 것이다. 일단 그 모양이 친숙해지면 밤하늘에서 전체 별자리가 다 보이지 않아도 별자리를 찾아낼 수 있다. 어느 추운 날, 친구가 모자를 쓰고 옷깃을 세운 채 나와도 친구의 얼굴을 알아볼 수 있는 것처럼.

각 별자리 지도의 파란 바탕은 단지 소개할 별자리들을 더 잘 보여주기 위한 표시다. 파란 영역 주위의 이웃 별무리들은 주변 환경을 보여준다. 이웃 별자리들 이름 뒤에 붙은 숫자는 그 별자리에 대한 설명이 나오는 별자리 지도 번호다. 따라서 별자리 정보를 찾아보고 싶을 때 맨 뒤의 찾아보기 부분을 뒤지지 않아도 된다.

별자리 지도에 나오는 별들은 42쪽의 등급표와 같은 기호로 표시되어 있다.

이 기호들은 별의 밝기 정도, 즉 '등급'을 나타낸다. 0등급, 1등급, 2등급, 3등급 등이 있고, 등급의 숫자가 작을수록 더 밝다. 별들은 저마다 밝기의 차이가 큰데 지도에서보다 밤하늘에서 그 차이가 훨씬 더 뚜렷하다. 별자리 지도를 들고 밖으로 나가 별자리들을 찾다 보면 그런 생각이 몇 번이고 계속 들 테니 그 점을 기억해두자.* 밝기가 더 희미한 별들은 안개만 살짝 껴도 종종 시야에서 사라지며, 대도시에서는 달이 없고 유난히 맑은 밤에만, 그것도 그 별들이 하늘 높이 떠 있어야 눈에 보인다.

0등성과 1등성은 보통 1등성으로 같이 분류된다. 이런 별들이

....

★ 0등급, 1등급, 2등급, 3등급 등의 용어들은 근삿값에 불과하다. 0등급이나 1등급, 2등급 등에 '딱 들어맞는' 별들은 거의 없다. 따라서 가령 2등성이 두 개 있다 해도 밝기가 똑같지는 않다. 예를 들어 쌍둥이자리에 있는 별인 카스토르의 등급은 1.58이고 북극성인 폴라리스의 등급은 2.12이지만 둘 다 2등성으로 분류된다. 0.0등급의 별은 1.0등급의 별보다 2.5배쯤 밝고, 1.0등급의 별은 2.0등급인 별보다 2.5배 밝으며, 그 외 등급들 간의 차이도 마찬가지다. 이는 0.0등급인 별이 5.0등급의 별보다 100배 밝음을 의미한다. 0등급보다 더 밝은 등급은 마이너스 기호로 표시한다. 그렇게 밝은 별은 겨우 네 개뿐인데, 시리우스(-1.42등급), 노인성(카노푸스, -0.72등급), 알파 켄타우리(-0.27등급), 아르크투루스(-0.06등급)다.

전체 하늘에 21개가 있는데, 곧 그 이름들을 알게 될 것이다. 그것들은 가장 밝은 별이다. 밤에 나가면 곧바로, 심지어 눈이 어둠에 적응하기도 전에 반드시 보게 된다.

1등성만큼은 아니지만 밝은 별로 분류되는 2등성은 총 50개쯤 된다. 그중 일부도 이름을 알게 될 텐데 하나는 앞에서 이미 만났다. 바로 북극성인 폴라리스다.

3등성은 150개쯤 되며 그래도 꽤 밝은 편이다. 1등성과 2등성, 3등성은 모두 이 책의 별자리 지도에 나온다. 3등성보다 희미하지만 맑은 날 밤이면 뚜렷이 보이는 600개가 넘는 4등성도 지도에 등장한다. 5등성은 관찰 조건이 좋아도 가장 희미하게 보이는 별이다. 그 수는 약 1,500개에 이르지만(희미한 별일수록 수가 더 많다) 이 별자리 지도에서는 100개가 안 되는 별들만 나온다. 그 별들은 외따로 떨어져 있지 않고 더 밝은 별들과 함께하면서 별자리 모양을 확실하게 만들어 눈에 잘 띄도록 도와준다. 예를 들면 돌고래자리와 컵자리, 물고기자리에 있는 5등성들이 그렇다. 6등성은 이 책의 지도에는 나오지 않는다. 완벽한 관찰 환경에서 오직 독수리의 눈을 가진 사람만 쌍안경이 없어도 6등성을 볼 수 있다. 그보다 더 희미한 별들을 보려면 망원경이나 쌍안경이 필요하다.

별들은 밝기뿐 아니라 '색깔'도 제각각이다. 언뜻 보기에는 모든 별이 은백색을 띠는 것 같아도 자세히 보면 푸른색, 붉은색,

노란색, 초록색 등 꽤 다양한 색이 보인다. 별들은 그저 희미하고 엷은 빛깔을 띠지만 별을 공부하면 할수록 그 색깔에 대해서도 더 잘 알게 된다. 좋은 예가 바로 푸른빛이 도는 '직녀별(베가)'과 주황빛을 발하는 '아르크투루스'다. 밤하늘에서 그 두 별을 동시에 보면 색의 대비가 뚜렷하게 보인다.

이 책 끝부분(350쪽)에는 가장 밝은 21개 별의 등급과 색깔 목록이 나온다.

별의 색깔은 천문학자에게는 별의 물리적 상태와 온도를 알아내는 단서가 되고, 우리에게는 별을 식별하는 또 다른 방법이 된다. 게다가 별빛은 매혹적이다.

별자리 지도에는 나침반이 가리키는 동서남북 방위가 표시되어 있다. 그런데 북쪽이 위에 있는 이 지도에서 지상의 지도와는 정반대로 동쪽이 왼쪽에, 서쪽이 오른쪽에 있는 것을 발견하고는 어리둥절할 수 있다. 그 이유는 지상의 지도가 우리가 발을 딛고 서 있는 땅을 보여주는 반면, 하늘 지도는 우리 머리 위의 영역을 나타내기 때문이다. 하늘 지도를 머리 위로 한번 올려보자. 그러면 방위가 땅 지도와 같은 자리에 떨어지게 된다. 이를테면 원래 동쪽 자리에 동쪽이, 원래 서쪽 자리에 서쪽이 자리 잡는 것이다.

별자리 지도에서 별자리를 설명하는 내용은 기술적인 이야기가 아니므로 외워야 할 필요가 전혀 없다. 만약 용어나 명칭을

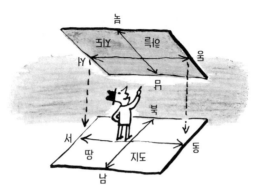

잘 모르겠으면 이 책 끝부분에 용어들이 사전처럼 정리되어 있
는 찾아보기에서 그 의미나 원어 표기를 찾아보면 된다.

별자리 지도는 우리가 찾는 '별자리'를 보여준다. '언제', '어
디서' 찾을 수 있는지에 관한 정보는 3장 별자리 달력 지도에
나와 있다.

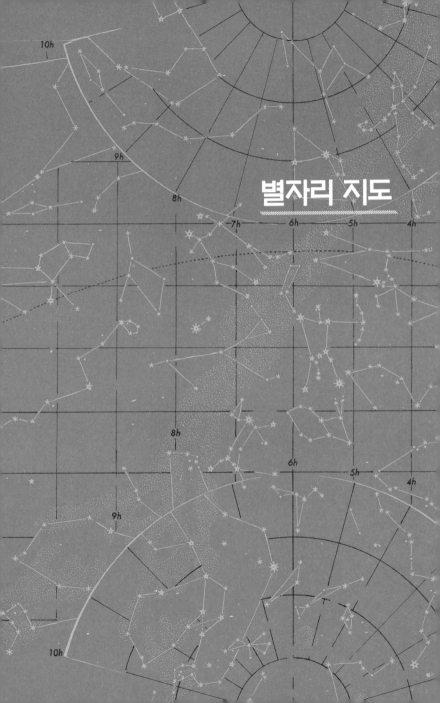

별자리 지도

별자리 지도 ①

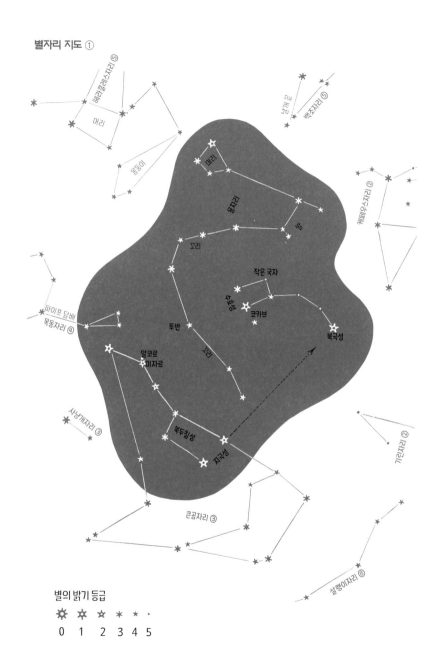

헤라클레스자리 ⑤

머리

몸통이

백조자리 ⑤

머리

머리

목

개페우스자리 ②

꼬리

목

파이프 담배

목동자리 ④

작은 국자

용의 등쪽

코카브

북극성

사냥개자리 ③

알코르
미자르

투반

꼬리

기린자리 ②

북두칠성

지극성

큰곰자리 ③

살쾡이자리 ⑩

별의 밝기 등급

☀ ☀ ☆ ✶ ⋆ ·
0   1   2   3   4   5

별자리 지도 ①

북두칠성, 작은 국자, 용자리

북두칠성[큰 국자(Big Dipper)] 가장 잘 알려진 별무리다. 그러나 가장 잘 알려진 별자리라고 할 수는 없다. 왜냐하면 북두칠성은 별자리가 아니라★ 커다란 별자리인 큰곰자리의 일부이기 때문이다. 우리가 보는 밤하늘에서 오리온자리 다음으로 가장 인상적인 모양을 하고 있다. 국자 머리의 끝에 있는 두 별인 '지극성'을 활용하면 북극성과 북쪽을 찾는 데 도움이 된다.

국자 손잡이 중간에 있는 별인 '미자르(Mizar)' 가까이에는 '알코르(Alcor)'라는 아주 작고 희미한 별 하나가 붙어 있다. 안경과 안과의 시력 검사표가 등장하기 전까지 알코르는 시력 검사법으로 활용되었다. 알코르가 보이면 정상 시력으로 간주했던 것이다. 미자르와 알코르는 '말과 기수(Horse and Rider)'라고도 불린다.

....

★ 이 대목에서 '북두칠성은 왜 별자리가 아닌가요?'라는 질문이 나올지도 모르겠다. 그 대답은 공식적으로 인정받고 이름을 올린 88개의 별무리만 별자리라는 명칭을 쓰는 게 정당하다는 것이다. 북두칠성으로 알려진 별무리는 실상 유명하지만 공식적인 지위가 없다. 그런 별무리를 '성군(星群)'이라 부른다.

작은 국자

작은 국자[Little Dipper, 작은곰자리(Ursa Minor)] 곰보다는 국자를 더 닮아서 '작은 국자'라는 이름을 그냥 써도 되지 않을까 싶다. 작은 국자는 큰 국자인 북두칠성보다 눈에는 덜 띄지만, 우리가 보는 밤하늘에서 가장 중요한 별인 북극성 '폴라리스'를 포함한다. 폴라리스는 다른 별들이 그 둘레를 도는 동안 (거의) 항상 같은 자리에 머물러 있다. 2등성에 불과한 북극성은 가장 밝은 별에 속하지도 않으며 언제까지나 천극에 가장 가까운 별도 아니다. 지구 자전축의 '요동' 때문에 (268쪽 참고) 천극의 위치가 수 세기에 걸쳐 천천히 이동하므로 시기에 따라 다른 별들이 북극성이 된다.

작은 국자의 별들은 대부분 희미하다. 국자 머리의 끝에 있는 별 두 개만 제법 밝다. 그 별들은 마치 보초병처럼 천극 주위를 돌면서 전진하기에 '극의 수호성(Guardians of the Pole)'이라고 불린다. 그 두 수호성 가운데 더 밝은 별인 '코카브(Kochab)'가 기원전 400년경 플라톤이 살던 시대에는 북극성이었다.

용자리(Dragon, Draco) 큰 별자리이지만 아주 밝지는 않다. 작은 국자를 휘감은 별들이 용의 긴 '꼬리'를 이루고, 두 쌍의 별이 다리를 나타낸다. 눈에 가장 잘 띄는 부분은 '머리'인데, 그 형태는 불규칙한 사각형이고 크기는 북두칠성의 국자 머리의 반이 채 안 된

다. 그중 제법 밝은 별 두 개가 작은 국자에 있는 두 수호성과 약간 닮았는데 혼동하지 말자.

용의 꼬리에서 미자르(말과 기수)와 수호성 중간쯤에 있는 희미한 별은 '투반(Thuban)'이다. 투반은 '원로 정치가' 중 하나다. 4천 년에서 5천 년 전쯤 피라미드가 세워질 당시에는 투반이 바로 북극성이었다. 따라서 2천 년쯤 지나면 투반은 다시 북극성이 될 것이다.

큰 국자인 북두칠성과 작은 국자는 1년 내내 볼 수 있다. 용자리는 5월 말부터 11월 초까지 가장 잘 보인다(별자리 달력 지도 6~10).

별자리 지도 ②

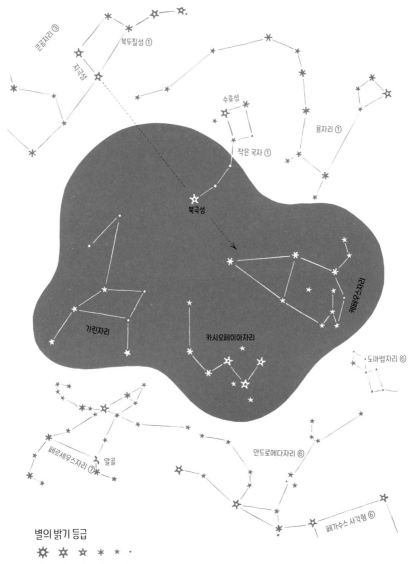

큰곰자리 ③

북두칠성 ①

지극성

수호성

작은 국자 ①

용자리 ①

북극성

기린자리

카시오페이아자리

케페우스자리

도마뱀자리 ⑥

페르세우스자리 ⑦

알골

안드로메다자리 ⑥

페가수스 사각형 ⑥

별의 밝기 등급

☀ ✦ ✬ ✷ ✳ ·

0 1 2 3 4 5

카시오페이아자리, 케페우스자리, 기린자리

카시오페이아자리(Cassiopeia) 중요한 별자리다. 그리 크지는 않지만 매우 밝고 '은하수' 안에 있다. 별자리 모양이 기억하기 쉬워 북두칠성과 오리온자리 다음으로 가장 많이 알려져 있다. 다섯 개의 밝은 별이 또렷한 W 모양을 만드는데 위치에 따라 M으로 보이기도 한다. 카시오페이아자리를 찾으려면 북두칠성의 국자 손잡이와 머리가 만나는 지점의 별에서 북극성까지 선을 긋고 쭉 연장하면 된다.

신화에 따르면, 카시오페이아는 에티오피아의 왕비였다. 그 별자리는 왕비 본인이나 왕비가 앉는 의자를 나타낸다고 한다. 전자든 후자든 실제 모습보다 돋보이게 만드는 생각이다. 어느 쪽이냐는 문제에 대해서는 의견이 분분하므로 우리는 잘 알려진 'W' 모양이라는 견해를 지킬 것이다.

케페우스자리(Cepheus) 에티오피아의 왕*이자 카시오페이아의 남편인 케페우스의 이름을 딴 별자리다. 부인이 더 밝고 케페우스는 다소 어둡지만, 별자리의 위치가 너무 낮지 않을 때는 큰 삼

각형의 모자나 왕관을, 그 아래에는 거의 사각형인 왕의 얼굴을, 그리고 뒤통수에는 땋은 머리를 그려볼 수 있다.

케페우스자리를 찾으려면 북두칠성의 지극성에서 북극성까지 선을 긋고 계속 이어가면 된다. 그렇게 쭉 가다 보면 왕의 모자에 닿는다(별자리 지도 참고). 케페우스자리의 일부는 은하수에 걸쳐 있다. 별자리에서 더 밝은 세 개의 별은 모두 앞으로 2천 년, 4천 년, 6천 년 후에는 북극성의 자리에 오를 후보이므로(269쪽의 그림 24 참고) 케페우스는 VIP가 될 것이다.

기린자리(Giraffe, Camelopardalis) 희미한 별자리여서 찾기 어렵다. 완벽주의자가 아니라면 신경 쓰지 않아도 된다. '근대의 별자리'이며, 이 용어에 대한 설명은 320쪽에 나와 있다.

....

★ 어떤 이들은 이 신화 속의 왕(그리스어 표기는 Kepheus)을 이집트의 파라오 쿠푸(Khufu, 그리스명은 Cheops)와 동일 인물로 본다. 쿠푸는 기원전 2700년경 이집트 기자(Giza) 지역의 피라미드를 세운 것으로 유명하다. 이렇게 신화와 관련된 문제는 증명하기도, 반증하기도 어렵지만 그럴듯하게 여겨진다.

별자리를 보기에 가장 좋은 시기

- 카시오페이아자리와 케페우스자리: 8월부터 1월까지.
- 기린자리: 11월부터 3월까지.
- 셋 다 주극별자리여서 12장의 별자리 달력 지도에 빠짐없이 나온다.

알아두기 카시오페이아자리와 이웃한 몇 개의 별자리들에 대한 신화가 있는데, 그 이야기 덕분에 밤하늘에서 같은 구역의 별자리들을 함께 기억할 수 있다. 카시오페이아와 케페우스 사이에는 '안드로메다'라는 아름다운 딸이 하나 있다(별자리 지도 ⑥). 그런데 카시오페이아가 안드로메다의 미모를 너무 자랑하는 바람에 바다 요정들이 몹시 화가 났다. 그래서 요정들은 바다의 신 포세이돈을 설득해 괴물 '고래(별자리 지도 ⑮)'를 보내 에티오피아 해안을 황폐하게 만들었다. 결국 괴물 고래를 달래기 위해 케페우스는 안드로메다를 해안가 바위에 쇠사슬로 묶어 제물로 바쳤다. 다행히 마침 그곳을 지나던 영웅 '페르세우스(별자리 지도 ⑦)'가 괴물 고래를 죽이고 안드로메다를 구출한 뒤, 둘은 결혼해서 페르세우스의 날개 달린 말 '페가수스(별자리 지도 ⑥)'를 타고 그곳을 서둘러 떠났다.

늦가을과 초겨울, 카시오페이아자리가 하늘 높이 떠 있을 때는 케페우스자리와 안드로메다자리, 페르세우스자리, 페가수스자리, 고래자리도 같이 잘 보인다.

별자리 지도 ③

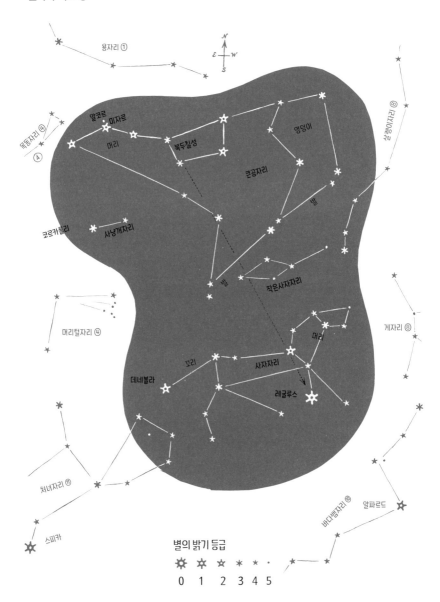

용자리 ①

N
E   W
S

목동자리 ④

알코르
미자르
머리
북두칠성
엉덩이
큰곰자리
코르카롤리
사냥개자리
꼬리
뱀
작은사자자리
머리털자리 ④
뱀주인자리 ⑦
게자리 ⑧
데네볼라
꼬리
사자자리
머리
레굴루스
처녀자리 ⑪
바다뱀자리 ⑩
알파르드
스피카

별의 밝기 등급

✹   ✸   ✭   ✱   ⚹   ·

0   1   2   3   4   5

큰곰자리, 사자자리, 사냥개자리, 작은사자자리

큰곰자리(Great Bear, Ursa Major) 아주 큰 별자리다. 가장 잘 알려진 부분이 바로 북두칠성이다. 북두칠성의 국자 머리는 마치 안장처럼 곰의 어깨에 걸쳐져 있고, 손잡이 끝은 곰의 코가 되었다. 전체 형상을 찾으려면 먼저 북두칠성을 찾은 다음, 곰의 발에 해당하는 세 쌍의 별을 찾으면 된다.

곰을 뜻하는 그리스어는 '아르크토스(Arktos)'이고, 거기서 유래된 영어 '아틱(Artic)'은 문자 그대로 '곰'을 의미하며 지구의 북극 지방을 일컫는 말이다. 그래서인지 큰곰자리는 우리가 있는 위도보다 북극 지방에서 훨씬 막강해 보인다.

레굴루스

사자자리(Lion, Leo) 밝은 별이 세 개 있는 큰 별자리다. 가장 밝은 별인 '레굴루스(Regulus)'는 북두칠성이 높이 떠 있을 때 찾기 쉽다. 찾는 방법은 이렇다. 먼저 국자 손잡이 옆에 있는 국자 머리의 별 두 개를 이용해 곰의 발이 있는 쪽으로 직선을 그리며 계속 나아간다. 그러면 사자의 어깨에 있는 별과 마주치고 그다음에 레굴루스를 만나게 된다. 푸른빛이 도는 흰 별인 레굴루스는 우리가 보는 1등성 중에서는 가장 희미하지만, 그래도 북극성인 폴라리스보다 약 두 배나 밝게 빛난다. 레굴루스는 지구에서 80광년쯤 떨어져 있고 태양보다 100배 이상 밝은 빛을 발한다.

사자 꼬리에 있는 밝은 별은 '데네볼라(Denebola)'다. 이 별이 흥미로운 이유는 아르크투루스(별자리 지도 ④)와 코르카롤리, 스피카(별자리 지도 ⑪)와 함께 '처녀의 다이아몬드(Virgin's Diamond, 별자리 달력 지도 ③)'를 만든다는 점이다.

사자자리는 '황도대(黃道帶, Zodiac)'에 있다. 황도대는 열두 별자리, 이른바 황도 12궁이 하늘을 에워싸며 이루어진 영역이다(충분한 설명을 보려면 273쪽 참고). 태양과 달, 행성들은 언제나 이 황도대 안에서 이동한다. 그래서 가끔은 사자자리 안에서 행성이 형성되어가는 모습을 기대해도 좋다. 아니, 심지어 하나 이상을 볼 수도 있다.

황도대의 한가운데 선인 황도는 겉보기에 태양이 1년 동안 별들 사이를 지나는 길이다(246쪽 참고). 물론 황도는 가상의 선이고 레굴루스가 거의 정확히 그 선 위에 있다. 달은 일정한 간격을 두고 황도를 가로지르는데 가끔 레굴루스 앞을 지나면서 그것을 가릴 때도 있다. 이런 현상은 '엄폐(掩蔽)'라고 하는 흥미로운 광경으로, 296쪽에 충분한 설명이 나온다.

사자의 머리 부분은 낫 모양과 비슷해서 '낫(Sickle)'으로 알려
져 있다.

사냥개자리(Hunting Dogs, Canes Venatici)
근대의 작은 별자리로, 맨눈으로 볼
수 있는 단 두 개의 별로 이루어졌

모양이 없어서 미안해요.
별이 달랑 두 개 거든요.

다. 둘 중 더 밝은 별인 '코르카롤리[Cor Caroli, 영국 국왕 찰스 2세
의 이름을 따서 지은 찰스의 심장(Charles' Heart)이라는 뜻의 라틴어]'는
처녀의 다이아몬드를 만드는 네 별 중 하나다.

작은사자자리(Little Lion, Leo Minor) 근대의
작은 별자리로, 매우 희미하며 작은
사자라기보다는 생쥐를 닮았다.

별자리를 보기에 가장 좋은 시기
• 2월부터 6월까지(별자리 달력 지도 2~6).

알아두기 몇몇 별자리들은 '묶어서' 기억해두면 밤하늘과 더 쉽
게 친해진다. 여기에 나온 별자리들은 큰곰, 큰사자, 작은사자,
사냥개로 모두 육식동물에 해당된다. 이웃 별자리들인 살쾡이,

용, 작은곰도 마찬가지다. 하늘에서 이 지역은 '육식동물 코너
(Carnivores' Corner)'라고 할 수 있다. 이곳은 초봄에서 초여름 사
이에 가장 잘 보인다. 기억을 도와줄 팁 하나! 곰들이 겨울잠에
들면 하늘의 나머지 육식동물들도 가을과 초겨울 동안에는 모
습을 잘 드러내지 않기 때문에 그 별자리들을 찾기가 더 힘들어
진다.

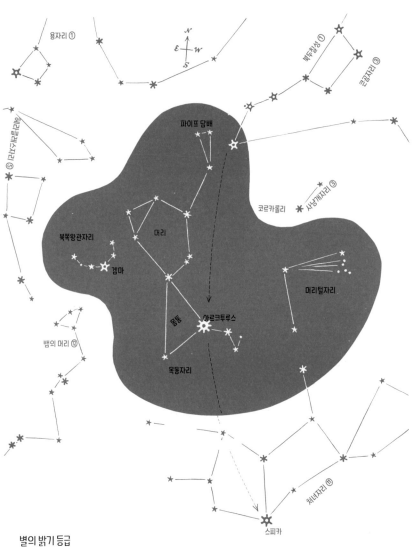

용자리 ①

북두칠성 ⓒ

큰곰자리 ⓑ

헤르쿨레스자리 ⓖ

파이프 담배

사냥개자리 ⓔ

코르카롤리

북쪽왕관자리

머리

겜마

머리털자리

북쪽왕관자리

뱀의 머리 ⓜ

몸통

아르크투루스

목동자리

처녀자리 ⓚ

스피카

별의 밝기 등급

0   1   2   3   4   5

목동자리, 북쪽왕관자리, 머리털자리

아르크투루스

목동자리(Herdsman, Boötes) 가장 오래된 기록을 지닌 별자리에 속한다. 그 모양이 앉아서 파이프 담배를 피우고 있는 사람처럼 보이는데 목동이라고 생각할 만하다. 별자리에서 가장 중요한 별인 주황색의 '아르크투루스'는 모든 별 가운데 네 번째로 밝다. 북두칠성의 구부러진 국자 손잡이에서 국자 머리 반대쪽으로 호(弧)를 그리며 따라가다 보면 아르크투루스를 찾을 수 있다.

아르크투루스가 주목받게 된 이유는, 1933년 시카고 세계박람회에서 광전지를 비추며 화려한 개막을 장식했다는 일화보다 오히려 밤하늘에서 어떤 밝은 별들보다 더 빠르게 위치를 바꾼다는 사실 때문이었다. 아르크투루스는 1,600년 동안 처녀자리 방향으로 1도쯤(겉보기에 보름달 너비의 두 배쯤 되는 거리) 이동했다. 따라서 헤이스팅스 전투(Battle of Hastings, 1066년 노르망디 공국의 윌리엄이 이끄는 군대와 잉글랜드 국왕 해럴드의 군대가 맞붙은 전투로, 영국에 노르만 왕조가 세워진 계기가 된 역사적 사건 - 옮긴이)가 일어났던 시기에는 하늘에서 현재 위치보다 북동쪽으로 보름달 너비보다도 더 먼 거리에 있었다. 게다가 아르크투루스는 태양 지름의 25배쯤 되는 거대한 별로 태양보다 백 배나 밝게 빛난다. 지구와도 40광년밖에 떨어져 있지 않은* 상대적으로 가까운 이웃이다. 늦봄과 초여름에는 해가 졌을 때 가장 먼저 보이는 별로 하늘 높이 떠 있다.

목동자리의 나머지 별들을 찾으려면 먼저 삼각형으로 된 몸통을 찾고 나서, 두 번째로 큰 머리, 세 번째로 큰곰자리에서 곰의 코에 가까이 있는 파이프 담배, 마지막으로 목동의 작은 다리와 발을 찾으면 된다. 파이프 담배와 다리는 조금 희미해서 맑은 날 밤에만 볼 수 있다.

북쪽왕관자리(Northern Crown, Corona Borealis) 작지만 우아하다. 활처럼 휜 별자리의 한가운데에 '왕관 보석(Crown Jewel)'인 2등성 '젬마(Gemma)'가 있어서 여성들이 쓰는 보석 박힌 머리 장식처럼 보인다. 북두칠성의 국자 손잡이가, 아니 혹시 이 표현이 더 좋다면, 큰곰의 코가 목동의 머리 너머 젬마 쪽을 가리키고 있다.

....

★ 광년(Light-year)은 시간이 아니라 공간을 측정하는 단위로, 빛이 1년 동안 이동하는 거리를 말한다. 1광년은 약 9조 4,600억 킬로미터다. 별의 관점에서 보면 40광년은 그리 먼 거리가 아니다. 광년뿐 아니라 별의 광도, 움직임, 거리에 대해 깊이 있게 알고 싶으면 302~304쪽을 참고하기 바란다.

머리털자리(Berenice's Hair, Coma Berenices)

크기가 작고 아주 희미하다. 흐릿한 별무리를 포함하고 있어서 달이 없는 맑은 밤하늘에 높이 떴을 때만 볼 수 있다. 여기 그림에서는 처녀가 뻗은 팔과 코르카롤리 사이에 있는 막대기에서 머리카락 몇 가닥이 흩날리는 것처럼 보인다.

이 별자리는 어느 도둑 덕분에 이런 이름을 갖게 되었다. 사연은 이렇다. 기원전 3세기경 이집트의 왕비 베레니케는 남편이 전쟁에서 이기고 돌아온 것을 감사드리기 위해 자신의 머리카락을 잘라 아프로디테에게 바쳤다. 그런데 신전에 있던 왕비의 머리카락을 도둑맞고, 신전을 책임지던 사제들은 제우스가 그 머리카락을 가져가 하늘에 별자리로 걸어둔 것이라고 해명하며 슬픔에 빠진 왕비가 그렇게 믿도록 만들었다.

우리가 살펴보는 별자리들 가운데 머리털자리는 '은하수'에서 가장 멀리 떨어져 있다. 우리 머리 위에 왕비의 머리카락이 있으면 은하수가 보이지 않는다. 그때 은하수는 지평선을 따라 흐르다가 지상 근처에서 대기 속으로 사라지기 때문이다. 따라서 천상의 관점에서 말하자면, 머리카락은 은하수 속에 절대 들어갈 수 없다.

별자리를 보기에 가장 좋은 시기

• 4월부터 8월까지(별자리 달력 지도 3~8).

별자리 지도 ⑤

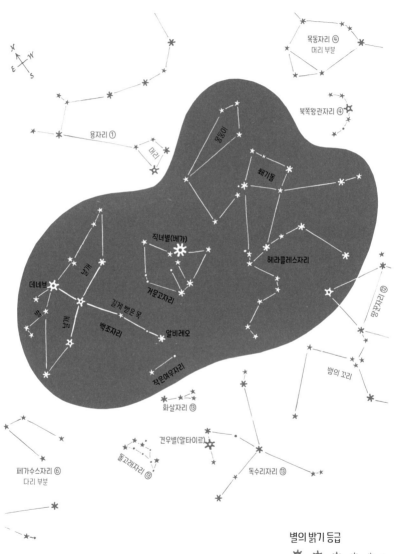

목동자리 ⑭
머리 부분

용자리 ①

머리

북쪽왕관자리 ⑪

쐐기돌

헤라클레스자리

직녀별(베가)

데네브

기오

거문고자리

길게 뻗은 목

백조자리

꼬리

뱀주인자리 ⑫

알비레오

뱀의 꼬리

작은여우자리

화살자리 ⑮

페가수스자리 ⑥
다리 부분

돌고래자리 ⑯

견우별(알타이르)

독수리자리 ⑬

별의 밝기 등급

| 0 | 1 | 2 | 3 | 4 | 5 |

거문고자리, 백조자리, 헤라클레스자리, 작은여우자리

직녀별

거문고자리(Lyre, Lyra) 전통 리라(고대 그리스의 작은 현악기이며 U자 모양의 울림판에 매단 줄을 손가락으로 뜯어서 연주함 – 옮긴이)보다는 치터(Zither, 오스트리아, 독일 남부, 스위스, 동유럽 지역의 민속 악기이며 평평한 공명통에 달린 30~45줄의 현을 두 손으로 퉁겨 연주함. 생김새와 주법은 다르지만 우리나라의 거문고와 가야금도 비슷한 계통임 – 옮긴이)를 더 많이 닮은 작은 별자리다. 거문고자리가 중요한 이유는 모든 별들 중에 다섯 번째로 밝은 '직녀별[베가(Vega)]'을 포함하고 있어서다. 푸른빛이 도는 흰 별로 반짝반짝 빛나는 직녀별은 하루에 일곱 시간 정도만 지평선 아래 있기 때문에 우리가 보기에 편한 시간대는 아니더라도 1년 내내 어느 밤에나 볼 수 있다. ★ 아르크투루스와 마찬가지로 직녀별은 지구와 가까운 이웃이며 25광년밖에 떨어져 있지 않고, 태양보다 50배 정도 밝은 빛을 낸다. 지구는 직녀별을 향해 초속 19킬로미터의

....

★   정확히 말하면 북위 40도 지역에서 그렇다. 가령 북위 25도쯤인 플로리다 남부에서는 직녀별이 지평선 아래에 있는 시간이 아홉 시간 이상이다. 그러나 알래스카에서는 직녀별이 결코 지평선 아래로 내려가지 않는다. 다음 백조자리에서 소개할 데네브도 마찬가지다.

속도로 이동하는데 만약 직녀별이 함께 움직이지 않으면 50만 년 안에 (천문학적으로 말하면 무시할 만한 시간이지만) 직녀별과 충돌하게 된다. 1만 2천 년 후에는 직녀별이 북극성이 될 것이다. 그러면 우리는 그만큼 찬란한 중심 별을 갖게 되므로 별 보기가 좀 더 쉬워질 것이다. 게다가 직녀별은 한 세기도 훨씬 전인 1850년에 최초로 사진에 찍힌 별이었다. 그리 멀지 않은 곳에서 용의 머리가 직녀별을 가리키고 있다.

데네브

백조자리(Swan, Cygnus) 크고 위엄 있는 별자리다. 그중 일부는 '북십자성(Northern Cross)'으로 알려져 있다. 북십자성은 별자리 지도에서 약간 굵은 선으로 강조했다. 백조는 날개를 활짝 펼치고 목을 길게 뻗은 채 더 희미한 별들로 이루어진 두 발을 뒤에 두고 은하수를 따라 훨훨 날고 있다.

백조자리에서 가장 밝은 별은 '데네브(Deneb)'로, 꼬리에 달린 흰 별이다. 데네브는 하루에 다섯 시간 정도만 지평선 아래 있기 때문에 직녀별(베가)처럼 1년 내내 밤 한때에 볼 수 있다. 지구와는 1,500광년이나 떨어져 있지만 그 먼 거리에서도 그토록 밝게 빛나는 것을 보면 광도(光度)가 엄청난 게 틀림없다. 태양보다 1만

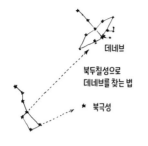

데네브

북두칠성으로
데네브를 찾는 법

★ 북극성

배 밝은 것으로 추정된다.

북두칠성의 국자 손잡이와 머리가 만나는 곳의 두 별을 잇는 선이 하늘을 가로질러 쭉 뻗어나가면 데네브에 닿는다.

헤라클레스자리(Hercules) 커다랗지만 다소 어두워서 찾아내기 만만치 않다. 모양은 몽둥이를 휘두르는 사람처럼 보인다. 몽둥이는 헤라클레스가 가장 좋아하는 무기다. 헤라클레스자리를 찾는 가장 좋은 방법은 그의 머리를 찾는 것이다. 머리는 쐐기돌 모양의 사각형으로, 직녀별(베가)과 왕관자리의 젬마 중간쯤에 자리 잡고 있다. 하늘이 아주 맑게 갠 밤에는 지도의 별자리에서 조그맣게 십자로 표시된 곳에 희미한 별이 어렴풋하게 보일 수 있다. 그런데 이것은 한 개의 별이 아니라 거의 3만 5천 광년이나 떨어진 곳에 수천 개의 별이 모여 있는 성단(星團)으로, 이른바 '헤라클레스 대성단(Great Cluster of Hercules)'이다.

작은여우자리(Little Fox, Vulpecula) 근대의 작은 별자리이므로 크게 신경 쓰지 않아도 된다.

별자리를 보기에 가장 좋은 시기

- 거문고자리: 5월부터 11월까지.
- 백조자리: 6월부터 11월까지.
- 헤라클레스자리: 5월부터 10월까지.

별자리 지도 ⑥

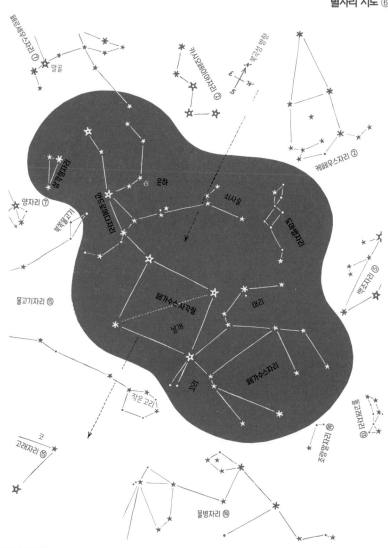

페르세우스자리 ①
알골

카시오페이아자리 ②

케페우스자리 ②

북극성 방향
북극성 방향
N
W E
S

삼각형자리

은하

양자리 ⑦

북쪽물고기

안드로메다자리

쇠사슬

도마뱀자리

백조자리 ⑤

물고기자리 ⑮

페가수스 사각형

머리

날개

꼬리

작은 고리

페가수스자리

조랑말자리 ⑯

돌고래자리 ⑰

코
고래자리 ⑯

물병자리 ⑭

별의 밝기 등급

☀ ☆ ✦ ✳ ✴ ·
0   1   2   3   4 5

별자리 지도 ⑥

페가수스 사각형, 안드로메다자리, 페가수스자리, 삼각형자리, 도마뱀자리

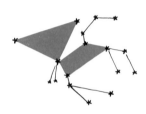

페가수스 사각형(Great Square of Pegasus) 밤하늘에서 가장 두드러진 지표 중 하나다. 그 자체로는 별자리가 아니지만★ 그중 일부는 '안드로메다자리'에, 또 다른 일부는 '페가수스자리'에 속해 있어 두 별자리를 찾는 데 도움을 준다. 네 개의 밝은 별로 이루어졌으며 그중 두 개는 북극성에서부터 카시오페이아자리의 W 모양에 있는 마지막 별까지 직선으로 이어진다★★(별자리 지도 ⑥의 점선 화살표 참고). 제대로 된 별자리 달력 지도를 가지고 있으

. . . .

★ 이 인상적인 '페가수스 사각형'은 성군(49쪽의 알아두기 내용 참고)에 불과한 데 반해, '직각자리(Square, Norma)'라는 진짜 별자리도 있다. 직각자리는 남쪽 하늘에 있는 작고 희미한 별무리다(별자리 지도 ⑰ 참고). 조금 불공평한 처사 같지만 천문학에서는 가끔 그런 경우가 있다.

★★ 이 선을 남쪽으로 더 멀리 연장하면 고래의 코와 만난다. 이 선은 대략 '0시 시간권 (Zero Hour Circle)'을 나타내기에 흥미롭다. 시간권(時間圈)과 천구(天球)의 관계는 자오 선이나 황경권과 지구의 관계와 같으며 0시 시간권은 이를테면 하늘의 그리니치 경도 (Greenwich line of the sky)다. 시간권과 관련된 내용은 234쪽에 더 나와 있다.

면 페가수스 사각형을 쉽게 찾을 수 있는데 일단 그 모양을 알면 절대 잊지 못할 것이다. 그 형태가 아주 강한 인상을 남기기 때문이다.

안드로메다자리(Andromeda)-**쇠사슬에 묶인 여인**(The Chained Lady) 별자리 지도에서는 여인이 물구나무 자세로 서 있다. 페가수스 사각형을 이루는 네 개의 별 중 하나가 여인의 머리다. 여인의 한쪽 몸과 다리 하나를 구성하는 밝은 별 세 개를 먼저 찾은 뒤 나머지 별을 찾는다. 여인의 나머지 다리는 더 어두운 별들로 되어 있다. 구부린 다리의 무릎 부분에 작고 흐릿한 뭔가가 보일 것이다. 달이 없고 하늘이 아주 맑은 밤이라면 말이다. 그 희미한 자국이 바로 그 유명한 '안드로메다 성운(Andromeda Nebula)'이다. 안드로메다 성운은 인간이 아무 장비 없이 맨눈으로 밤하늘에서 볼 수 있는 천체들 중 가장 먼 곳에 있다. 이 별구름은 몇천억 개의 태양과 같은 항성으로 이루어진 우리은하처럼 하나의 '은하(galaxy)'이며 지구와는 270만 광년 떨어져 있다. 이때 쌍안경이 도움이 된다. 안드로메다은하를 나타내는 점이 너무 희미하기 때문이다. 은하에 대한 더 자세한 설명은 309쪽에 나온다.

안드로메다 공주를 바위에 묶는 데 쓰인 쇠사슬이 공주가 뻗은 팔에 매달려 있다. 별자리 지도의 왼쪽 아래에는 공주를 잡아먹으라는 명을 받고 온 괴물 고래의 코가 보인다.

페가수스자리(Pegasus) - **날개 달린 말**(The Winged Horse) 이 별자리를 찾으려면 안드로메다의 머리 맞은편에 있는 페가수스 사각형의 꼭짓점에서 시작한다. 사각형의 네 별 중 셋으로 이루어진 삼각형의 날개가 말의 엉덩이에 딱 붙어 있다. 이런 모습이 항공기 설계자들에게는 특이해 보이겠지만 페가수스는 문제없이 잘 날아다닌다. 말의 날개 앞쪽 끝에 있는 별은 붉은빛을 띤다. 페가수스는 안드로메다만큼 밝지는 않지만 관찰 조건이 좋으면 찾아낼 수 있다.

삼각형자리(Triangle, Triangulum) 안드로메다의 두 발이 되는 별 중 좀 더 밝은 별 바로 옆에 조그맣게 자리 잡고 있다.

 **도마뱀자리**(Lizard, Lacerta) 근대의 작은 별자리로, 매우 희미하며 은하수 안에 있다.

별자리를 보기에 가장 좋은 시기

- 페가수스 사각형: 8월부터 1월까지.

- 안드로메다자리: 9월부터 1월까지.

- 페가수스자리: 8월부터 10월까지.

 (별자리 달력 지도 1, 2, 8~12)

별자리 지도 ⑦

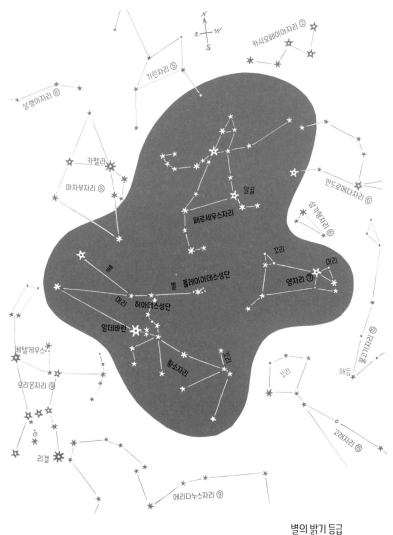

별의 밝기 등급

0 1 2 3 4 5

페르세우스자리, 황소자리, 양자리

알골

페르세우스자리(Perseus) 은하수 안에 있는 재미있는 별자리다. 페르세우스는 미래의 장모인 카시오페이아(별자리 지도 ②)와 장차 신부가 될 안드로메다 (별자리 지도 ⑦) 가까이에 있다. 페르세우스는 끝이 뾰족한 모자, 뭐 이렇게 표현해도 좋다면 페르시아 모자를 쓴 사람처럼 보인다. 한 손은 뭔가 부르는 손짓을 하고 있고 다른 한 손은 안드로메다의 발을 잡으려는 것처럼 보인다. 여인을 구출하려는 형상이다.

이 별자리에는 2등성이 두 개 있다. 그중에서 페르세우스의 앞다리에 있는 별이 유명한 변광성인 '알골(Algol, 장난을 잘 치는 악마라는 뜻의 아랍어)*'이다. 알골은 약 2.5일 동안 2등성이다가 다섯 시간 정도에 걸쳐 어두워지면서 3등성이 된다. 그리고 다시 다섯 시간쯤 지나면 이전의 환한 밝기를 되찾는다. 조금만 인내심

....

★ 알골은 이중성(double star), 즉 '쌍성(binary star)'이다(303쪽 참고). 두 개의 별이 서로의 주변을 돌면서 꽤 가까이 있다. 그중 하나는 밝고, 다른 하나는 훨씬 어두운 까닭에 지구에서 볼 때 어두운 별이 밝은 별 앞에 오면 알골은 어두워진다.

을 가지면 그 신기한 광경을 지켜볼 수 있다. 그러니 며칠 연속해서 밤마다 하늘을 가끔씩 관찰해보자.

별똥별 보는 것을 좋아하는 사람은 8월 1일부터 30일 사이에 자정을 넘겨 페르세우스자리 주변의 하늘에서 '페르세우스자리 유성군(Perseïd Meteors)'을 볼 수 있다.

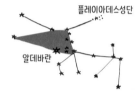

황소자리(Bull, Taurus) 황도대에 있는 커다란 별자리이며 '플레이아데스성단(Pleiades)' 때문에 유명하다. 얼핏 보면 희미한 별무리가 작은 은빛 구름처럼 보이지만 자세히 들여다보면 작은 별 여섯 개를 식별할 수 있다. 플레이아데스성단을 찾는 일은 어렵지 않다. 게다가 황소자리에서 가장 밝은 별인 '알데바란(Aldebaran)'이 그리 멀지 않은 곳에서 주황색으로 빛나고 있어 쉽게 찾을 수 있다. 바로 거기서 시작해 별자리의 나머지 부분을 찾아내면 된다. 황소의 뒷부분은 커다란 머리보다 훨씬 어둡다. 이 별자리의 형상은 황소로 변신한 제우스가 한눈에 반한 에우로페를 유혹해 데려가면서 헬레스폰트(에게해와 마르마라해를 잇는 지금의 다르다넬스 해협을 일컫는 고대 그리스 지명 – 옮긴이)를 헤엄쳐 지나가는 모습으로 짐작해볼 수 있다. 그래서 황소의 뒷부분은 물속에 잠겨 있기에 어두워 보인다. 알데바란은 태양보다 지름이 36배 크고, 백 배 밝으며, 우리와 65광년 떨어져 있는 거성(巨星)이다.

알데바란과 플레이아데스성단은 둘 다 황도 가까이 있어 그 부근에서 행성을 볼 수 있을 것이라 기대해도 되며, 가끔은 달에 가려서 둘 다 보이지 않을 때도 있다. 알데바란 근처, 황소의 목에 해당되는 곳에는 '히아데스성단(Hyades)'으로 알려진 별무리가 있다. 플레이아데스와 히아데스는 우주를 함께 여행하는 성단이다 (황도, 행성, 황도대에 대해 더 알고 싶으면 245쪽을 참고하라).

양자리(Ram, Aries) 이 별자리는 좀처럼 눈에 띄지 않아서 만약 황도 12궁에 들어가지 않았다면 지금보다 이름이 덜 알려졌을 것이다. 양의 머리에 있는 가장 밝은 별 두 개가 플레이아데스성단과 페가수스 사각형의 중간쯤에 있어 쉽게 찾을 수 있다.

별자리를 보기에 가장 좋은 시기

• 페르세우스자리: 11월부터 3월까지.
• 황소자리: 10월부터 3월까지.
• 양자리: 10월부터 2월까지.
  (별자리 달력 지도 1~3, 10~12)

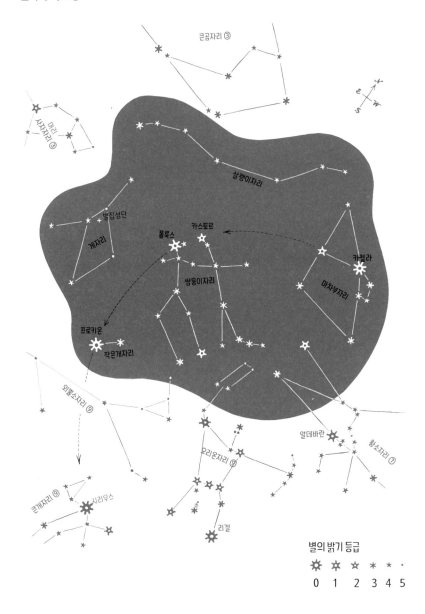

별자리 지도 ⑧

큰곰자리 ③

머리
사자자리 ③

살쾡이자리

별집성단

게자리

폴룩스   카스토르

카펠라

쌍둥이자리   마차부자리

프로키온

작은개자리

외뿔소자리 ⑨

알데바란   황소자리 ⑦

오리온자리 ⑨

큰개자리 ⑨   시리우스

리겔

별의 밝기 등급

☀ ✸ ✦ ✶ ✴ ·
0   1   2   3   4   5

쌍둥이자리, 마차부자리, 작은개자리, 게자리, 살쾡이자리

쌍둥이자리(The Twins, Gemini) 중요한 별자리다. 쌍둥이의 머리는 '카스토르(Castor)'와 '폴룩스(Pollux)'라는 밝은 별들이다. 카스토르는 흰 별이고, 폴룩스는 카스트로보다 더 밝은 노란 별이다. 쌍둥이를 찾으려면 북두칠성에서 출발해 그림에서처럼 국자 머리를 대각선으로 관통해 그 선을 쭉 연장한다. 쌍둥이의 양팔과 몸통을 이루는 별들은 머리와 발이 되는 별들보다 희미해서 전체 형상을 찾아내려면 하늘이 맑게 갠 밤이어야 한다. 쌍둥이자리는 달과 행성들이 이동하는 황도대에 있다. 달과 행성이 카스토르와 폴룩스 근처에 있을 때는 아주 멋진 광경이 펼쳐진다. 말이 나온 김에 덧붙이면, 천왕성(1781년)과 명왕성(1930년)은 쌍둥이자리를 지나갈 때 발견된 행성들이다.

마차부자리(Charioteer, Auriga) 중요한 별자리다. 그리스 신화에서 마차를 발명한 에리크토니오스에서 그 이름이 나왔고, 별자리 모양은 끝이 뾰족한 모자를 쓴 사람의 얼굴 같다. 뭉툭한 코와 주걱턱 때문에 전차를 모는 사람에게 어울리는 강인한 인상을 풍긴다. 마차부의 눈은 반짝반짝 빛나는 노란 별인 '카펠라(Capella)'로 직녀별(베가)만큼이나 밝다. 태양보다 지름이 16배 크고 150배 밝은 빛을 내며 우리와는 42광년 떨어져 있다. 천극에

카펠라

가까운 편이어서 하루에 지평선 아래로 내려가 있는 시간이 다섯 시간도 채 되지 않아* 1년 내내 어느 밤에나 아주 잠깐이라도 볼 수 있다. 카펠라를 찾으려면 북두칠성에서 출발해 그림에서처럼 국자 손잡이와 머리가 만나는 지점의 별에서 국자 머리의 가장자리를 지나 직진하면 된다. 그러면 카펠라를 절대 놓치지 않는다. 그런 다음, 카펠라 근처에서 코를 이루는 더 희미한 별들**을 세 개 찾고, 나머지 별들도 마저 찾는다.

....

★   정확히 말하면 북위 40도 지역에서 그렇다. 알래스카에서는 데네브와 직녀별(베가)처럼 카펠라도 결코 지평선 아래로 내려가지 않는다(67쪽 참고).

★★ 그중 카펠라와 가장 가까운 별인 '마차부자리 엡실론(Epsilon Aurigae)'은 쌍성이다. 카펠라보다 큰 별인 엡실론은 그 자체로는 보이지 않고 700여 일 주기로 더 밝은 카펠라를 어둡게 만든다. 바로 그런 현상 때문에 엡실론의 지름이 태양의 2,700배라는 사실이 밝혀졌다. 마차부자리 엡실론은 지금까지 알려진 가장 큰 별이다.

프로키온
모양은 없어요……

작은개자리(Little Dog, Canis Minor) 작지만 중요한 별자리다. 두 개의 밝은 별로 개, 아니 강아지처럼이라도 보려고 아무리 애써봐도 다 소용없다. 하지만 이 별자리에는 밤하늘에서 가장 밝은 별들 가운데 하나인 노란빛이 도는 흰색의 '프로키온 (Procyon)'이 있다. 카펠라에서 출발해 마차부의 모자 뒤쪽의 밝은 별 방향으로 호를 그리면서 카스토르와 폴룩스를 거쳐 쭉 나아가면 프로키온에 닿는다(별자리 지도에 나오는 점선 참고). 그 호를 계속 그려나가면 시리우스(별자리 지도⑨)와도 만난다. 프로키온은 우리와 가까운 이웃 별로 11광년 떨어져 있고 태양보다 5배 밝게 빛나며 초속 40킬로미터의 속도로 우리에게 다가오고 있다. 그리스어 별자리명은 '개 앞에서'라는 뜻인데, 북위 40도 지역에서 보면 프로키온이 큰개자리의 시리우스보다 40분쯤 먼저 뜨기 때문에 그런 이름을 갖게 되었다.

게자리(Crab, Cancer) 황도 12궁 가운데 가장 희미한 별자리다. 가장 매력적인 부분은 '벌집성단(Beehive)'이다. 벌집성단은 작고 흐릿한 자국(별자리 지도에서 십자로 표시된 곳)으로 보이며 쌍안경이 없으면 최상의 관찰 조건에서만 겨우 볼 수 있다. 쌍안경으로 보면 수많은 희미한 별들로 이루어진 성단이 모습을 드러낸다.

살쾡이자리(Lynx) 큰곰의 엉덩이 부근에 있는 희미한 별들로 이루어진 근대의 별자리다. 아마도 자신의 사냥감인 '작은사자'에게 몰래 다가가기 위해 살쾡이가 뒷모습만 보인 채 반쯤 숨어 있는 것이라고 상상하지 않는다면 이 형상을 살쾡이로 보기는 쉽지 않을 것이다.

별자리를 보기에 가장 좋은 시기
- 쌍둥이자리와 작은개자리: 12월부터 5월까지.
- 마차부자리: 10월부터 4월까지.
- 게자리와 살쾡이자리: 1월부터 5월까지.
  (별자리 달력 지도 1~5, 11, 12)

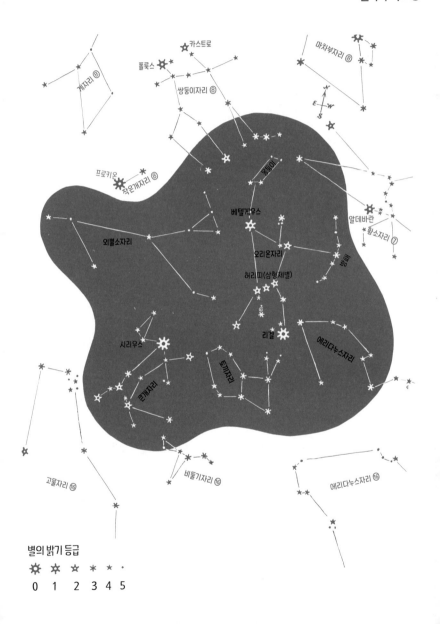

별의 밝기 등급

☼ ✬ ☆ ✶ ✱ ·
0   1 2 3 4 5

오리온자리, 큰개자리, 토끼자리, 외뿔소자리, 에리다누스자리

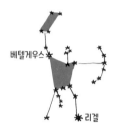

베텔게우스

리겔

오리온자리(Orion) 최고의 별자리다. 오리온이 뜨면 남쪽 하늘을 장악하기 때문에 절대 놓칠 수가 없다. 가장 인상적인 부분은 밝은 별 세 개가 일렬로 늘어선 '허리띠(Belt) 모양의 삼형제별'이고, 거기서부터 시작하면 별자리의 나머지 부분을 쉽게 찾을 수 있다. 사냥꾼인 오리온은 몽둥이와 방패를 들고 허리띠에는 칼을 매단 채 중무장을 하고 있다. 오리온자리에는 2등성이 다섯 개, 1등성이 두 개 있는데 어떤 별자리도 밝은 별들을 이렇게 많이 가지고 있지 않다. 오리온의 왼쪽 어깨에는 붉은 별인 '베텔게우스(Betelgeuse)'가 있고, 오른쪽 발에는 푸른빛이 도는 흰 별인 '리겔(Rigel)'이 있다. 리겔은 태양보다 지름이 33배 크고, 2만 배의 밝은 빛을 발하며, 우리와 800광년쯤 떨어져 있는 거성이다. 그러므로 오늘날 밤하늘에서 보는 리겔은 콜럼버스가 태어나기도 전인 시기에 출발하여 이제야 우리에게 도착한 별빛이다. 베텔게우스는 태양보다 지름이 400배 크고, 3,600배의 밝은 빛을 발하며, 500광년 이상 떨어져 있는 초거성*이다. 오리온의 칼을 이루는 별들 중 하나는 약간 어렴풋한데 쌍안경으로 보면 그 주변에 흐릿한 자국이 보인다. 바로 '오리온 대성운(Great Orion Nebula)'이다. 발광 성운(發光星雲)인 오리온 대성운은 지극히 얇지만 매우 광대하여 그 빛나는 가스 구름에서 우리 태양만 한 크기의 별이 1만 개는 생성될 것이다. 그런데 오리온 대성운이 그토록 작아 보이는 것은 우리와 1,300광년이나 떨어져 있기 때문이다. '오리온자리와 관련된 신화'가 궁금하면 101쪽을 보기 바란다.

큰개자리(Big Dog, Canis Major) 멋진 별자리지만 너무 먼 남쪽에 있어

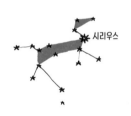

우리가 있는 위도에서는 아주 맑은 날 밤이어야만 별자리의 희미한 별들을 볼 수 있다. 그러나 큰개자리에서 가장 밝은 별은 하늘을 통틀어 그 어떤 별들보다도 밝게 빛난다. 그 주인공은 바로 '시리우스(Sirius)', 즉 '천랑성(天狼星, Dog Star)'이다. 시리우스는 지구와 가장 가까운 이웃 별 가운데 하나로 8.5광년

········

★ 태양 지름의 10∼100배인 별들을 거성(巨星, giant star)이라고 한다. 태양 지름의 백 배가 넘는 별들은 초거성(超巨星, supergiant star)이다. 거성인 리겔은 초거성인 베텔게우스보다 훨씬 멀리 떨어져 있고 크기도 작지만 월등히 밝은 빛을 내기에 우리의 눈에는 더 밝은 별로 보인다.

밖에 떨어져 있지 않다. 따라서 밝기가 태양의 26배밖에 되지 않는데도 등급이 마이너스다. 정확히 −1.6등급이다.

토끼자리(Hare, Lepus) 소박하면서도 우아한 별자리다. 토끼의 머리가 몸통보다 더 밝고, 맑은 날 밤에는 쉽게 찾을 수 있다. 오리온의 칼이 토끼 머리를 가리키고 있고, 토끼의 두 귀는 리겔을 가리키고 있다. 별자리 지도를 오른쪽이 올라가도록 틀어서 보면 토끼가 앉아 있는 모양이 선명하게 드러난다.

외뿔소자리(Unicorn, Monoceros) 근대의 별자리로, 크지만 매우 흐릿하다. 신경 쓰지 않아도 된다.

에리다누스자리(Eridanus River) 크지만 다소 희미하고 모양이 없다. 밤하늘에서 빈곤한 축에 드는 한 지역을 강처럼 굽이굽이 흘러간다. 북위 40도 지역에서는 별자리 일부만 보이는데 그중 유일하게 밝은 별인 1등성 '아케르나르(Achernar, 별자리 지도 ⑯)'는 북반

구에서는 최남단 지역에서만 볼 수 있다. ★

알아두기 오리온자리 주변은 우리가 보는 밤하늘에서 가장 화려한 곳이다. 오리온이 하늘 높이 뜨면 작은 이 구역에 1등성이 일곱 개나 보인다. 그중 여섯 개가 커다란 육각형을 이루는데 바로 카펠라, 폴룩스, 프로키온, 시리우스, 리겔, 알데바란이다(별자리 달력 지도 ① 참고). 육각형의 중심에서 조금 벗어난 곳에 반짝반짝 빛나는 베텔게우스가 있다. 오리온의 발에서 오른쪽 지역은 그런 화려함과는 극명히 대조된다. 그곳은 에리다누스자리, 고래자리, 물병자리, 물고기자리가 있는 '물이 많은 지역(Wet Region)'으로 그곳의 별들은 하나같이 밝지 않다.

별자리를 보기에 가장 좋은 시기

- 오리온자리: 12월부터 3월까지.
- 큰개자리와 토끼자리: 1월부터 3월까지.

....
★ 별자리 지도 ⑨에 나오는 에리다누스자리에서 오른쪽 가장자리에 있는 4등성(ε)은 '에리다누스자리 엡실론(Epsilon Eridani)'으로, 지구와는 고작 10.3광년 떨어져 있는 가까운 이웃 별이다. 이 별은 태양과 비슷하지만 크기가 더 작다. 천문학자들은 이 별이 최소 하나의 행성을 거느리고 있다는 것을 발견했다.

별자리 지도 ⑩

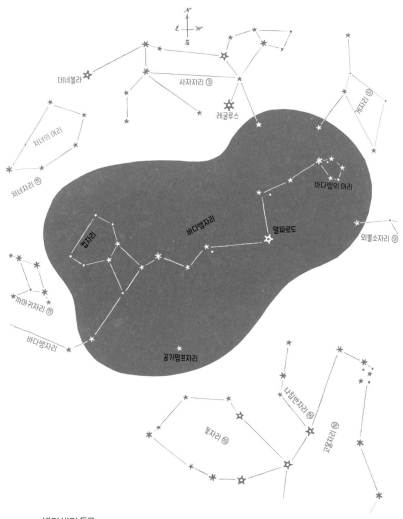

데네볼라

처녀의 머리

처녀자리 ⑪

컵자리

까마귀자리 ⑪

바다뱀자리

사자자리 ③

레굴루스

게자리 ⑥

바다뱀의 머리

알파르드

외뿔소자리 ⑨

공기펌프자리

나침반자리 ⑮

돛자리 ⑯

고물자리 ⑱

별의 밝기 등급

☀ ☀ ✦ ✱ ✶ ·
0   1   2   3   4   5

바다뱀자리, 컵자리

바다뱀자리(Hydra, The Water Snake) 밤하늘에서 가장 넓은 영역을 차지하는 별자리다. 게다가 무척 긴 까닭에 지도 한 장에 모두 담을 수 없어 바다뱀의 꼬리는 다음에 나오는 별자리 지도 ⑪에서 확인할 수 있다. 바다뱀자리는 하늘의 약 4분의 1에 걸쳐 있지만 길이 말고는 볼 것이 없다. 밝은 별이 딱 하나 있는데, 바로 2등성 '알파르드(Alphard)'다. 알파르드는 근처에 경쟁자가 없어서 원래 밝기보다 더 밝아 보인다.

바다뱀의 머리는 아주 작은 별무리이지만 찾을 만한 가치가 있다. 그 위치는 사자자리의 레굴루스와 작은개자리의 프로키온의 중간쯤이다. 사자의 앞발이 되는 두 별을 잇는 선을 쭉 연장하면 바다뱀의 머리에 닿을 것이다. ★

★ 바다뱀의 머리 아래, 외뿔소의 꼬리 끝에 있는 별은 원칙적으로 바다뱀 자리에 속한다.

바다뱀의 등에 작고 희미한 별자리이다.

컵자리(Cup, Carter) 중위도에서는 보기 힘들지만 남쪽으로 멀리 갈수록 더 높이 떠오르기 때문에 맑고 캄캄한 밤에는 그 우아한 형태를 쉽게 찾아낼 수 있다.

바다뱀자리와 컵자리, 까마귀자리(별자리 지도 ⑪)는 신화로 연결된다. 까마귀는 원래 아폴론 신의 전령사였다. 하루는 아폴론이 까마귀에게 컵에 마실 물을 담아 오라고 심부름을 보냈는데, 도중에 무화과나무를 본 까마귀는 무화과가 익을 때까지 나무 아래서 빈둥거리다가 컵은 둔 채 뱀을 물고 와서는 뱀 때문에 임무를 완수하지 못했다며 변명을 늘어놓았다. 그러자 화가 난 아폴론은 뱀과 컵, 까마귀를 하늘의 별들 사이로 던져버렸다. 그리고 은백색이었던 까마귀들은 그날부터 캄캄한 밤처럼 까만색으로 변했다.

컵자리와 바다뱀자리 아래에 홀로 있는 4등성은 '공기펌프사리(Pump, Antlia)'*에 속한다. 공기펌프자리는 근대의 흐릿한 별자리

....

그 별은 원래 외뿔소자리의 일부였는데 1930년에 별자리 경계가 전면 수정되면서(320쪽 참고) 바다뱀자리로 이전했다. 이 책에서는 바다뱀자리와 외뿔소자리 둘 다 더 나은 모양으로 디자인해서 보여주지만, 진지한 관찰자라면 바다뱀의 별 소유권 주장을 잊지 말기 바란다.

★ 이 별자리는 예전에 '공기펌프자리(Antlia Pneumatica)'라고 불렀지만 천문학자들이 그 명칭을 그냥 '펌프'라는 뜻의 '안틀리애(Antlia)'로 줄였다.

로, 그것을 이루는 나머지 별들은 너무 희미해서 이 별자리 지도에 나오지 않는다. 따라서 신경 쓰지 않아도 된다.

별자리를 보기에 가장 좋은 시기

- 바다뱀자리의 머리: 2월부터 5월까지.
- 컵자리: 4월과 5월.

  (별자리 달력 지도 2~5)

별자리 지도 ⑪

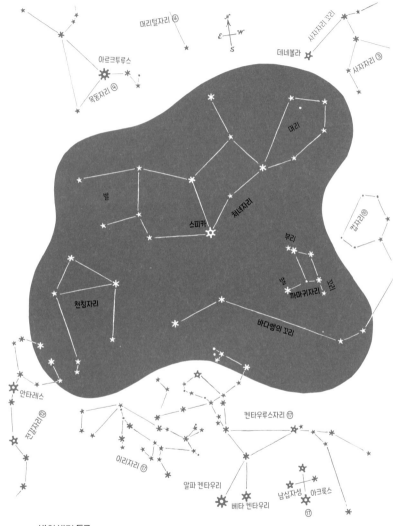

머리털자리 ⑭

아르크투루스
목동자리 ④

데네볼라
사자자리 꼬리
사자자리 ⑤

머리
발
처녀자리
스피카
컵자리 ⑩
부리
발
까마귀자리
꼬리

천칭자리

바다뱀의 꼬리

안타레스

전갈자리 ⑫
이리자리 ⑯
알파 켄타우리
켄타우루스자리 ⑰
남십자성
베타 켄타우리
아크룩스
⑰

별의 밝기 등급
0 1 2 3 4 5

처녀자리, 천칭자리, 까마귀자리

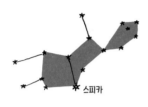

처녀자리(Virgin, Virgo) 커다란 별자리지만 대체로 희미하다. 처녀가 등을 대고 누워 황도를 따라 몸을 쭉 뻗은 채 머리는 사자 꼬리 아래에 두고 한 손은 베레니케의 머리털을 향해 뻗치고 있다. 처녀는 목동 쪽을 바라보는 듯하지만 목동은 처녀를 외면하고 있다. 처녀는 가장 빛나는 보석을 가지고 있다. 바로 푸른빛의 1등성인 '스피카(Spica)'인데 그 위치가 조금 특이하다. 스피카를 찾으려면 북두칠성의 국자 손잡이에서 호를 그려 아르크투루스를 지나 계속 호를 그려나가면 된다(별자리 지도 ④ 참고). 그러면 스피카를 절대 놓치지 않는다. 근처에 아주 밝은 별이 하나도 없기 때문이다.

그러나 처녀자리는 황도 12궁에 속하므로 부근에 행성이 있을 수도 있다. 더욱이 스피카는 황도에 매우 가까이 있어서 알데바란, 레굴루스, 안타레스(전갈자리)와 마찬가지로 가끔 지나가는 달에 가려지기도 한다. 스피카는 태양의 지름보다 5배밖에 크지 않아서 거성은 아니지만 태양보다 1천 배 밝은 빛을 내며 우리와는 190광년 정도 떨어져 있다.

스피카, 아르크투루스, 코르카롤리(별자리 지도 ③) 그리고 사자의 꼬리별인 데네볼라는 '처녀의 다이아몬드'를 만든다(별자리 달력 지도 ③ 참고).

천칭자리(The Scales, Libra) 황도 12궁에 속해서 이름은 잘 알려져 있지만 볼 것은 별로 없다. 밝은 별이 없어 천칭 모양이 좀처럼 드러나지 않는다. 천칭의 중심이 되는 꼭대기의 별은 희미한 녹색을 띠는데, 맨눈으로 볼 수 있는 유일한 초록 별이다.

까마귀자리(Crow, Corvus) 작지만 제법 밝으며 처녀의 머리 아래에 있다. 까마귀 부리 끝에 있는 별과 새의 다리와 몸통이 만나는 지점의 별이 희미한 까닭에, 까마귀가 앉아 있는 완전한 형태는 최상의 관찰 조건에서만 볼 수 있다. 하지만 별자리에서 가장 밝은 별 네 개가 사각형을 이루고 있어 쉽게 찾을 수 있다. 까마귀의 부리는 처녀의 보석인 스피카를 향해 있는데 그 모습이 마치 보석을 잡아채려고 호시탐탐 기회를 엿보는 것 같다.

알아두기 바다뱀의 꼬리 남쪽에 '이리자리'와 '켄타우루스자리' 그리고 그 유명한 '남십자성'이 자리 잡고 있다(별자리 지도 ⑰). 미국 대부분의 지역 기준으로는 너무 먼 남쪽이지만 혹시 늦겨울에 플로리다키스(Florida Keys) 제도(諸島)에 가게 되면 까마귀자리를 주시하라. 까마귀자리가 정남쪽에 있을 때는 그보다 훨씬 아래에, 수평선 바로 위에 떠 있는 남십자성을 볼 수도 있다. 뭉게구름이 수평선 쪽 시야를 가리지만 않는다면 말이다.

별자리를 보기에 가장 좋은 시기

• 처녀자리와 까마귀자리: 4월부터 6월까지.

• 천칭자리: 6월과 7월.

  (별자리 달력 지도 4~8)

별자리 지도 ⑫

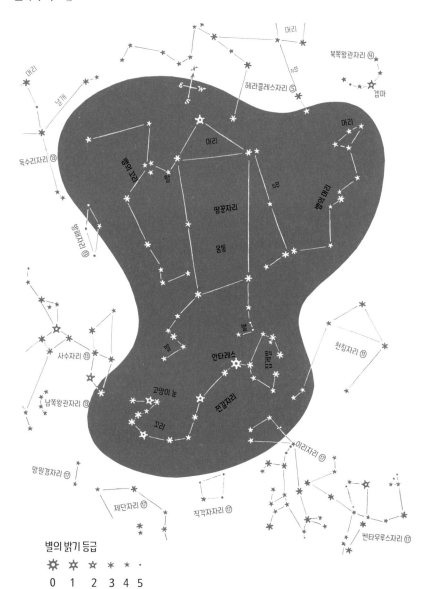

머리

북쪽왕관자리 ④
겜마

머리

헤라클레스자리 ⑤

머리

뱀의 머리

독수리자리 ⑬

뱀의 꼬리

말

머리

뱀꼬리

땅꾼자리

몸통

뱀주인자리 ⑯

발

천칭자리 ⑪

사수자리 ⑬

발

안타레스

전갈의 집게

남쪽왕관자리 ⑬

고양이 눈

전갈자리

꼬리

이리자리 ⑰

망원경자리 ⑰

제단자리 ⑰

직각자리 ⑰

켄타우루스자리 ⑰

별의 밝기 등급

☀ ✴ ☆ ✳ ✶ ·
0 1 2 3 4 5

땅꾼자리, 전갈자리

땅꾼자리 또는 뱀주인자리(Serpent Bearer, Ophiuchus) 방대하고 다소 복잡한 별자리로*, 두 동강 난 뱀을 들고 있는 주술사를 닮았다. 이 형상을 찾으려면 삼각형 머리의 꼭대기에 있는 밝은 별에서 출발한다. 이 별은 헤라클레스의 앞발 왼쪽에 자리 잡고 있다. 주술사의 양어깨에 있는 두 쌍의 별은 쉽게 알아볼 수 있다. 그다음에는 커다란 사각형의 몸통을 찾고 나서 '뱀'의 앞부분을 잡고 있는 오른손과 팔을 찾는다. 뱀의 머리는 작은 별무리를 이루며 왕관자리의 남쪽에 있다. 다음으로 뱀의 꼬리를 잡고 있는 왼손과 팔을 찾고, 마지막으로 조금 흐릿한 두 다리와 발을 찾는다. 이렇게 몇 차례의 시도 끝에 전체 별자리 모양을 보는 데 성공하면 뭔가 해냈다는 성취감이 들 것이다.

....

★ 엄밀히 말하면 땅꾼자리는 두 개의 별자리로, 하나는 '사람', 다른 하나는 '뱀(Serpent, Serpens)'이다. 뱀은 또 '머리(Head, Caput)'와 '꼬리(Tail, Cauda)', 두 부분으로 나뉜다.

의아한 것은 땅꾼자리가 황도대에 닿아 있는데도 전통적으로 황도 별자리에 포함시키지 않았다는 점이다. 아마도 그랬다간 황도 12궁이 아니라 13궁이 되기 때문에 그러지 않았을까 싶다.

안타레스

전갈자리(Scorpion, Scorpius) 황도 12궁에 들어가는 아름다운 별자리다. 안타깝게도 너무 먼 남쪽에 있어 북위 40도에서 그 화려한 모습을 전부 보기에는 무리다. 다수의 밝은 별들로 이루어진 이 별자리는 진짜 전갈처럼 보인다. 그중 가장 밝은 별이 반짝반짝 빛나는 '안타레스(Antares)'로, 뚜렷하게 붉은빛을 발하는 1등성이다. 안타레스(Ant‒Ares)는 '화성(Mars)의 라이벌'이라는 뜻이다. 아레스(Ares)는 마르스(Mars)를 의미하는 그리스어다. 안타레스와 화성은 둘 다 붉은 별이어서 서로 가까이 있으면, 둘을 혼동할 수 있다.

안타레스도 초거성이다. 지구의 어머니 별인 태양보다 지름이 300배 크고 3천 배 이상의 밝은 빛을 발한다. 거리는 600광년 가까이 떨어져 있는데 만약 그렇게 멀리 있지 않다면 훨씬 더 밝게 빛나 보일 것이다. 안타레스는 황도와 가까워서 레굴루스, 스피카, 알데바란처럼 가끔 달에 가려지기도 한다.

전갈 꼬리에 바짝 붙어 있는 한 쌍의 별인 '고양이 눈(Cat's

Eyes)'도 찾아보자. 그러면 그 이름이 썩 잘 어울린다는 생각이 들 것이다.

별자리 달력 지도를 제대로 사용하면 전갈자리를 절대 놓칠 수가 없다. 다만 근처에 행성들이 있을 수도 있다는 점은 기억해야 한다. 이 별자리는 북반구의 중위도에서는 아주 높이 뜨는 법이 없고 항상 남쪽 하늘에 머물러 있다.

알아두기 땅꾼자리의 뱀을 잡고 있는 사람 형상이 의사라는 말도 있다. 그 인물은 그리스 신화에 나오는 의술의 신 '아스클레피오스(Asklepios)'를 상징한다고 여겨진다. 아스클레피오스는 시대를 거슬러 올라가 기원전 2900년경 이집트의 저명한 내과 의사이자 건축가였던 '임호테프(Imhotep)'와 같은 인물로 보기도 한다. 임호테프는 역사에 기록된 최초의 과학자다. 따라서 땅꾼자리는 간접적으로 역사적 인물을 보여주는 유일한 별자리인 셈이다.

그리스 신화에서 아스클레피오스는 다 죽어가는 환자도 살려내는 의사였다. 그런데 이 사실을 알게 된 죽음의 신 하데스는 자신의 일이 없어질까 봐 몹시 우려했다. 그래서 전갈에게 죽임을 당한 '오리온'을 아스클레피오스가 되살려내려 하자 자기 동생인 제우스를 설득해 아스클레피오스에게 벼락을 내려 없애달라고 했다. 하지만 아스클레피오스는 그동안의 공적을 인정받아 하늘의 별자리가 되었다. 또한 전갈자리와 같이 붙어 있되 오리온자리와는 멀찍이 떨어져 더는 문제가 일어나지 않도록 중간에서 막고 있다. 그때부터 오리온자리와 전갈자리는 밤하늘의 반대편에 존재하면서 절대 만날 일이 없게 되었다. 이 때문에 하나를 보면 다른 하나는 볼 수 없는 것이다.

별자리를 보기에 가장 좋은 시기

- 7월과 8월 (별자리 달력 지도 6~9).

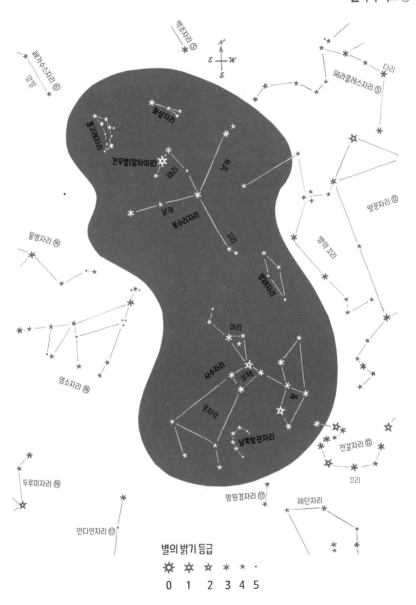

백조자리 ⑮

페가수스자리 ⑥ 앞발

N
E — W
S

헤라클레스자리 ⑤
다리

화살자리

전갈자리건우별
건우별(알타이라)

머리
어깨

땅꾼자리 ⑫

독수리자리
날개

뱀의 꼬리

물병자리 ⑬

꼬리

방패자리

염소자리 ⑭

머리

사수자리
상체

옷자락

남쪽왕관자리

두루미자리 ⑭

망원경자리 ⑰

전갈자리 ⑫

제단자리

꼬리

인디언자리 ⑰

별의 밝기 등급

☀ ✹ ✮ ✳ ✴ ·
0   1   2   3   4   5

독수리자리, 사수자리, 화살자리,
돌고래자리, 남쪽왕관자리, 방패자리

견우별(알타이르)

독수리자리(Eagle, Aquila) 아름다운 별자리다. 날개를 활짝 펼치고 날아오르는 큰 새의 모양이 인상적이다. 별 세 개가 일렬로 늘어선 새의 머리가 여름과 초가을 밤하늘에 가장 두드러진 지표가 되다 보니 놓칠 수가 없다. 머리의 세 별 중 하나는 희미하고 또 하나는 꽤 밝다. 그 사이에 있는 별이 가장 밝은데, 바로 노란빛이 도는 흰 별인 '견우별[알타이르(Altair), 고려와 조선 시대의 천문 관측 기록에 따르면, 견우별은 실제로 염소자리의 다비흐(Dabih)이지만, 옛 시문에서도 그렇고 일반인들은 알타이르를 견우별로 인식해왔기에 현대에도 칠석날의 민속 행사를 포함해 일반적으로는 견우별로 간주함 – 옮긴이]'이다. 1등성인 견우별은 상대적으로 밝은 별들 중에서 알파 켄타우리(별자리 지도 ⑰), 시리우스, 프로키온 다음으로 지구와 가장 가까운 이웃이다. 우리와는 16광년밖에 떨어져 있지 않으며* 초속 27킬로미터의 속도로 우리에게 다가오고 있다. 견우별과 직녀별(거문고자리), 데네브(백조자리)는 거대한 직각삼각형을 이루고 있어 항해하는 사람이라면 누구나 그 모양을 안다.

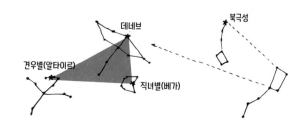

위의 그림을 한번 보자. 독수리가 백조를 향해 날고 있어 두 새가 금방이라도 정면충돌할 것만 같다. 두 별 모두 은하수 안에 있다.

사수자리(Archer, Sagittarius) 독수리의 꼬리가 이 멋진 별자리를 가리키고 있다. 아랫부분의 별들은 희미해서 우리가 있는 위도에서는 지상의 먼지나 안개 때문에 보이지 않을 때가 많다. 사수의 상체와 활을 이루는 별들은 더 밝다. 상체를 먼저 찾아보자. 이 부분은 제법 밝은 별 네 개가 작은 사각형(북두칠성의 국자 머리 4분의 1 정도 되는 크기)을 만들고 있다. 이 별무리는 은하수 가까이에 있어서 '우유 국자(Milk Dipper)'라고 불린다. 사수의 머리에는 깃털 장식이 달려 있고 활은 전갈을 겨누고 있는데 보아하니 죽이려 하는 것 같다. 아마도 오리온의 죽음에 대한 복수일 것이다.

사수자리는 부분적으로 은하수에 걸쳐 있는 데다 황도 12궁에도 들어가기 때문에 행성들을 조심해야 한다.

화살자리(Arrow, Sagitta) 작지만 그 크기에 비해 강한 인상을 주는 별자리다. 백조의 머리와 독수리의 머리 중간쯤에 자리 잡고 있으며 은하수 안에 있다.

돌고래자리(Dolphin, Delphinus) 희미한 별들로만 이루어진 아주 작은 별자리이지만, 별들이 다닥다닥 붙어 있어 맑고 캄캄한 밤에는 쉽게 찾을 수 있다. 돌고래가 은하수 바로 바깥에서 헤엄치는 모습이 매력적이다. 독수리의 머리에서 멀지 않은 곳이다.

남쪽왕관자리(Southern Crown, Corona Australis) 사수자리가 가장 높이 떠 있을 때 지평선 위로 올라오기는 하지만, 그마저도 별빛이 너무 희미해 북반구의 중위도에서는 지상의 먼지나 안개를 뚫고 이 별자리를 보기가 힘들다. 북반구 최남단 지역에서는 볼 수 있지만 북쪽왕관자리보다 인상적이지는 않다.

 방패자리(Shield, Scutum) 근대의 별자리로, 작고 흐릿하다.

별자리를 보기에 가장 좋은 시기

- 독수리자리: 7월부터 10월까지.

- 사수자리: 7월과 8월.

- 화살자리와 돌고래자리: 7월부터 11월까지.

  (별자리 달력 지도 7~11)

별자리 지도 ⑭

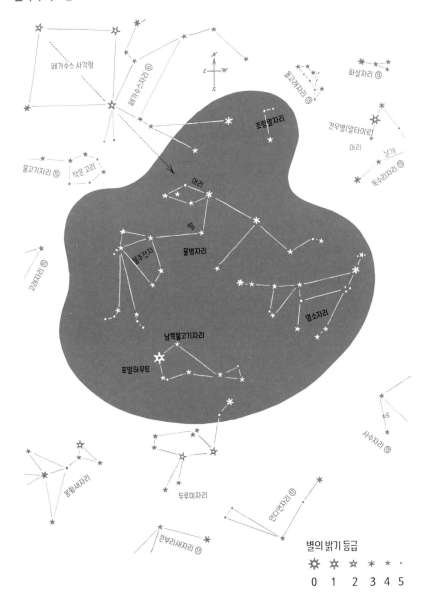

페가수스 사각형

페가수스자리 ⑥

조랑말자리

작은 고래자리 ⑫

화살자리 ⑬

견우별(알타이르)

머리

날개

독수리자리 ⑩

물고기자리 ⑮

작은 고리

고래자리 ⑯

머리

꼬리

물주전자

물병자리

염소자리

남쪽물고기자리

포말하우트

사수자리 ⑬

봉황새자리

두루미자리

인디언자리 ⑪

큰부리새자리 ⑰

별의 밝기 등급

0 1 2 3 4 5

염소자리, 물병자리, 남쪽물고기자리

염소자리(Goat, Capricornus) 희미한 별자리다. 만약 황도 12궁에 들어가지 않았다면 대부분의 사람들이 그 이름조차 모를 것이다. 남쪽 하늘에 있으며 북위 40도에서는 높이 뜨는 일이 없으므로 시야가 완벽하게 확보되지 않으면 별자리를 보기 어렵다. 독수리 머리 쪽에 있는 세 개의 별이 염소의 꼬리를 가리키고 있다. 이 꼬리 부분은 별 세 개가 가까이 붙어 있어서 가장 알아보기 쉽다. 염소 뿔의 끝에 달린 별은 독수리자리의 견우별(알타이르)과 남쪽물고기자리의 포말하우트를 일직선으로 잇는 선 위에 있다. 만일 염소자리에서 밝은 별이 보인다면 그것은 별자리의 별이 아니라 행성이다.

물병자리(Water Carrier, Aquarius) 희미하면서 복잡한 별자리다. 게자리, 염소자리와 마찬가지로 황도 12궁의 일원이 된 덕분에 명성을 얻었다. 그 모양을 보면 남자가 팔을 구부려 주전자를 들고 있는 모습 같고, 그 주전자에서 물이 두 줄기로 갈라져 '남쪽물고기자리'로 흘러내리고 있다. 남자의 머리를 나타내는 작은 별무리는, '페가수스 사각형'에서 안드로메다의 머리부터 페가수스의 엉덩이까지 이어지는 대각선을 쭉 연장해가면 그 선 위에 있다. 이 별무리는 찾기 쉬우므로 여기저기 뻗어 있는 별자리의 나머지 형상은 남자의 머리 부분에서부터 찾아나가면 된다. 다만 그러려면 노력이 필요하고, 아주 맑고 캄캄한 밤이어야 한다.

조랑말자리(Little Horse, Equuleus) 너무 작고 희미해서 보일락 말락 한다. 신경 쓰지 않아도 된다.

남쪽물고기자리(Southern Fish, Piscis Austrinus) 이 별자리를 구성하는 별들은 대부분 희미해서 우리가 있는 위도에서는 보이지 않는다. 이따금 지평선 위로 뜨기도 하지만 고도가 너무 낮아 지상의 먼지나 안개에 가려 있다. 그럼에도 별자리의 중심 별은 눈에 잘 띄는데, 바로 푸른빛이 도는 흰 별인 '포말하우트(Fomalhaut)'다. 포말하우트는 가장 밝은 별 20개 안에 들어 있어 하늘에 뜨면 거의 틀림없이 볼 수 있다. 페가수스 사각형에서 페가수스와 가까운 면의 별 두 개를 잇는 직선을 연장하여 아래로 쭉 내려가면 매우 무미건조한 지역에서 홀로 반짝반짝 빛나는 포말하우트를 만날 수 있다. 혹시 페가수스 사각형과 포말하우트 중간쯤에서 반짝이는 다른 별을 보게 된다면, 그것은 별이 아니라 물병자리를 통과하는 행성이다.

포말하우트는 지구와 가까운 이웃 별 중 하나로, 약 25광년 떨어져 있고 태양보다 13배 밝게 빛난다. 포말하우트는 가을을 알려주는 별이다. 9월 중순이나 말쯤 해가 진 뒤에 그 별이 처음 모습을 드러내면 단풍이 들기 시작한다.

두루미자리(Crane, Grus), **봉황새자리**(또는 불사조자리, Phoenix) 남쪽물고기자리의 남쪽에 있는 별자리다. 북위 40도에서는 두 새가 지평선 위로 머리만 쏙 내미는데 두 별자리의 밝은 별들 가운데 한두 개는 포말하우트의 남서쪽이나 남동쪽에서 보이기도 한다. 반면 먼 남쪽 지역에서는 관찰 조건이 좋아야 전체 모양을 볼 수 있다.

알아두기 물병자리와 남쪽물고기자리 모두 '물'과 관련 있다. 두 별자리는 밤하늘에서 '물이 많은 지역(Wet Region)'을 형성한다. 바로 다음 별자리 지도 ⑮에 나오는 물고기자리, 고래자리와 함께 별자리 지도 ⑨에서 본 강처럼 굽이쳐 흐르는 에리다누스자리도 그 지역에 속한다. 물이 많은 지역은 밝은 별들이 거의 없어서 심심한 곳이다.

별자리를 보기에 가장 좋은 시기

- 염소자리와 물병자리: 8월부터 10월까지.
- 남쪽물고기자리: 9월부터 11월까지.

  (별자리 달력 지도 8~11)

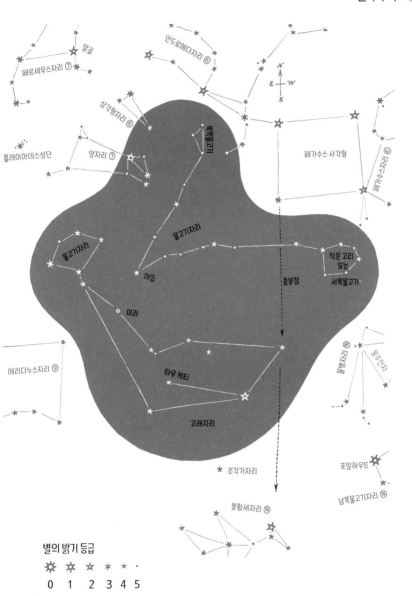

페르세우스자리 ⑦
양 끝

안드로메다자리 ⑥

N
E ← → W
S

삼각형자리 ⑥

플레이아데스성단

양자리 ⑦

북쪽물고기

페가수스 사각형

페가수스자리 ⑥

물고기자리

물고기자리

매듭

작은 고리
또는
서쪽물고기

춘분점

미라

에리다누스자리 ⑨

타우 케티

조각칼자리 ⑩

고래자리

조각가자리

포말하우트

남쪽물고기자리 ⑭

봉황새자리 ⑭

별의 밝기 등급

☀ ✬ ☆ ✦ ✶ ·
0   1   2   3   4   5

물고기자리, 고래자리

물고기자리(Fishes, Pisces) 크지만 희미한 별자리다. 황도 12궁에서 게자리 다음으로 가장 희미하다(황도 근처에서 움직이는 행성을 찾으면 별자리를 찾는 데 도움이 된다). 그 모양이 물고기 두 마리처럼 보이는데 각각 줄에 걸려 있고 두 개의 줄은 하나로 묶어 매듭지어 놓은 것 같다. '북쪽물고기(Northern Fish)'는 안드로메다의 엉덩이 바로 남쪽에 있는 희미한 별들로 이루어진 작은 삼각형이다. '서쪽물고기(Western Fish)'는 '작은 고리(Circlet)'라고도 불리며 좀 더 밝다. 맑게 갠 밤에는 페가수스 사각형의 남쪽 면 아래에서 그 고리 모양의 별무리를 쉽게 알아볼 수 있다. '매듭(Knot)'에 해당하는 별을 찾으려면 안드로메다의 두 발 중 더 밝은 발에서 양의 머리까지 선을 긋고 대략 그 거리만큼 더 연장하면 된다.

별자리 지도에서 작은 고리 왼쪽에 있는 'V'는 '춘분점(Vernal Equinox)'을 표시한 것이다. 하늘에서 중요한 지점인 춘분점은 태양이 별들 사이를 지나는 길인 황도 위에 있다. 태양이 이 지점에 도착할 때가 3월 21일 무렵인데, 이때 낮과 밤의 길이가 같아지고 북반구에서는 '봄이 시작'된다['Vernal'은 '봄의'라는 뜻이고, 'Equinox'는 'equi(equal, 같은)'와 'nox(night, 밤)'가 합쳐진 말이므로 '춘분(春分)'이 된다]. 더 자세한 내용은 246쪽의 그림 19에 나와 있다. 하늘의 '그리니치 경도(Greenwich line)'라 할 수 있는(72쪽 참고) '0시 시간권(Zero Hour Circle)' 역시 춘분점을 통과한다. 0시 시간권은 북극성에서 출발해 카시오페이아자리의 W 모양에 있는 마지막 별을 거쳐 페가수스 사각형의 동쪽 면을 따라 계속 내려가다가 고래의 코를 지나고 봉황새의 머리에 있는 꽤 밝은 별까지 쭉 내려가는 선으로 대략 표시된다.

고래자리(Whale, Cetus) 무척 크지만 어두운 별자리다. 바다의 신 포세이돈에게서 안드로메다(별자리 지도 ⑥)를 잡아먹으라는 명령을 받은 괴물 고래가 안드로메다자리 남쪽에서 헤엄치고 있는데 물고기들이 쇠사슬에 묶인 안드로메다와 고래를 갈라놓았다. 안드로메다의 머리에서부터 페가수스 사각형의 면을 따라 아래로 쭉 내려간 직선이 고래의 코와 만난다. 고래의 코를 찾는 일은 사실 이런 설명보다 더 쉽다. 별이 거의 없는 지역이다 보니 희미한 별조차 두드러지기 때문이다. 좀 더 아래쪽에 있는 2등성은 고래의 커다란 입을 나타내며 고래의 꼬리는 플레이아데스성단을 가리키고 있다.

고래자리에는 유명한 변광성인 '미라(Mira, '놀랍고 멋지다'는 뜻의 라틴어)'가 있다. 미라는 331일을 주기로 10등급(망원경이 있어야 볼 수 있다)부터 약 3등급까지 밝기가 계속 변하며 대부분의 시간에는 우리 눈에 보이지 않는다. 고래자리 아래 홀로 있는 4등성은 근대의 어두운 별자리인 '조각가자리(Sculptor)'에 속한 별이다. 그 별자리의 나머지 별들은 너무 희미해서 지도에는 나오지 않는다.

고래자리와 물고기자리는 별자리 지도 ⑭에서 언급했듯이 하늘에서 '물이 많은 지역'에 있다. 두 별자리가 북반구의 많은 지역에서 비가 많이 오는 11월에 가장 높이 뜬다는 사실도 그 이름과 잘 어울린다.

고래 입가에 있는 희미한 별은 '타우 케티(Tau Ceti)'다. 우리가 있는 위도에서 육안으로 볼 수 있는 별들 가운데 세 번째로 거리가 가깝다. 그보다 가까운 별들은 시리우스와 프로키온뿐이다. 타우 케티는 거리가 약 12광년 떨어져 있고, 밝기는 태양의 3분의 1 정도에 불과하다. 앞서 태양보다 밝은 별들을 너무 많이 언급했기 때문에 태양보다 어두운 별도 당연히 짚고 넘어가야 할 것 같다. 찬란한 별들에 대해 이야기하다 보니 우리 태양이 천체 공동체에서 조금은 초라한 구성원이라는 인상을 주는 듯한데 그건 잘못된 생각이다. 사실 태양은 평균 이상의 별이다. 지구에서 13광년 이내에 있는 20개의 별 가운데 태양보다 우수한 별은 오직 시리우스와 프로키온뿐이다. 태양과 비슷한 별은 알파 켄타우리이고, 나머지 별들은 모두 태양보다 못하다. 이런 사실이 아마도 태양계 주민으로서 우리의 자존심을 살려줄 것이다.

별자리를 보기에 가장 좋은 시기

• 10월부터 1월 (별자리 달력 지도 1, 9~12).

별자리 지도 ⑯

최남단 별자리 I

별자리 지도 ⑯과 ⑰에 나오는 별자리들은 천구의 남극 가까이에 있다. 북위 40도쯤 되는 중위도에서는 그 별자리들이 대부분 보이지 않는다. 남쪽으로 멀리 갈수록 그것들은 시야에 더 많이 들어오고, 적도를 넘어가면 가끔 전부 다 보이기도 한다. 아르고자리와 켄타우루스자리, 이리자리, 제단자리를 제외한 별자리들은 근대에 그 기원이 있는데 대개 흐릿해 보인다. 146~193쪽에 나오는 별자리 달력 지도에는 최남단 별자리들이 보이는 시기를 알려준다. 만약 북위 25도 아래로 먼 남쪽에 있다면 별자리 달력 지도 14~16을 참고하기 바란다.

아르고자리(The Ship) 아주 웅장한 별무리인 아르고자리는 '용골자리(Keel, Carina)', '고물자리(Stern, Puppis)', '돛자리(Sail, Vela)★', '나침반자리(Compass, Pyxis)', 이렇게 네 개의 별자리로 이루어졌다. 본래 이것들은 아르고자리라는 하나의 별자리로 간주되었다. 그

....

★ 'Vela'는 'Sails(돛들)'을 의미하는 라틴어 복수형 이름이지만 그냥 돛 하나 모양의 별자리 하나만을 가리키므로 영어명은 단수형인 'Sail(돛)'로 표현하는 게 타당할 듯하다.

노인성(카노푸스)

리스 신화에 따르면 아르고호(Ship Argo)는 이아손이 이끄는 원정대가 황금 양털을 찾아 모험을 떠날 때 타고 간 배였다. 아르고자리는 밤하늘에 충분히 높이 떠 있을 때는 찾기가 그리 어렵지 않다. 그중에서 가장 밝은 별이 '노인성[카노푸스(Canopus)]'이며, 시리우스에 이어 두 번째로 밝다. 노란빛이 도는 흰 별이고 지구와는 313광년 떨어져 있으며 태양보다 2천 배 밝은 빛을 발한다. 최남단 지역에서 아주 잘 보이는데 어쩌면 북위 35~36도인 테네시주에서도 아주 잠깐이나마 볼 수 있을지 모른다. 아르고호는 공식적으로 이물(뱃머리)이 없지만(신화에 따르면, 아르고호는 큰 바위에 부딪혀 이물을 잃어버렸는데 별자리에도 이물 부분이 없음 – 옮긴이) 용골(배 바닥의 중앙을 받치는 길고 큰 재목 – 옮긴이)의 동쪽 부분이 선수상(뱃머리에 장식으로 붙이는 사람이나 동물의 상 – 옮긴이)을 비롯해 모든 이물 역할을 대신해준다. 고물(배꼬리)에 선미판(船尾板)을 표시하는 작은 별무리가 있지만 배의 나침반이 오히려 배를 조종하는 키처럼 보인다. 아르고호는 동쪽에서 서쪽으로 하늘을 건너가면서 마치 잘못된 항해 방향을 바로잡으려는 듯 후진하고 있다. 별 네 개가 점선으로 연결된 별무리는 근처의 남십자성과 많이 닮아서 종종 오해를 불러일으켜 '가짜 남십자(False Cross)'라고도 불린다.

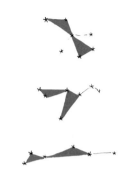

이 별자리 지도에서 다른 소형 별자리들을 살펴보면, 우선 물고기가 두 마리 있다. 바로 '날치자리(Flying Fish, Volans)'와 '황새치자리(Swordfish, Dorado)'다. 새도 한 마리 있는데, 바로 '비둘기자리(Dove, Columba)'다. 그런가 하면 '물뱀자리(Hydrus)'라는 파충류도 하나 있다. 수컷인 이 물뱀은 바다뱀자리(Hydra)의 암컷 뱀과 짝일지도 모르겠다. 그리고 사물도 네 개 있는데, '이젤자리(또는 화가자리, Easel, Pictor★)', 그물자리(Net, Reticulum)', '시계자리(Clock, Horologium)', '화로자리(Furnace, Fornax)'다. 그물자리는 근처에 있는 황새치자리보다 작지만 다이아몬드 모양을 하고 있다. 화로자리는 달랑 4등성 하나인 별자리다. 더 재미있는 것은 지도의 파란 바탕에서 맨 아래에 있는 1등성 '아케르나르(Achernar)'다. 반짝반짝 푸른빛을 띠는 이 별은 에리다누스자리 남쪽 끝에 있으며 지구와는 144광년 떨어져 있고 태양보다 200배 밝게 빛난다. 시기가 맞으면 최남단 지역에서 볼 수 있다.

....

★ 'Pictor'는 '화가(Painter)'를 뜻하는 라틴어다. 이 별자리는 원래 'Equuleus Pictoris', 즉 'Painter's Easel(화가의 이젤)'이라고 불렀는데 'Easel(이젤)'이라고만 쓰는 약칭이 삼각형 모양의 별무리와 더 잘 어울린다.

이 지역의 또 다른 특징은 두 개의 '마젤란은하(또는 마젤란운, Magellanic Clouds)'로, 포르투갈의 대항해자인 마젤란의 이름을 딴 '대마젤란은하'와 '소마젤란은하'다. 캄캄한 밤하늘에 떠 있는 이 희미한 은빛 조각들은 마치 은하수에서 벗어나 길을 잃은 듯 보인다. 그것들은 수백만 개의 별로 이루어진 은하로서 우리은하의 위성 은하(314쪽 참고)이며 왜소 은하다. 대마젤란은하와 소마젤란은하의 지름은 각각 약 1만 4천 광년과 7천 광년이고, 지구와의 거리는 각각 약 16만 3천 광년과 20만 6천 광년이다. 마젤란은하는 대략 북위 15도 지역에서 지평선 위로 떠오르는데 제대로 보려면 적도를 넘어 남반구로 가야 한다.

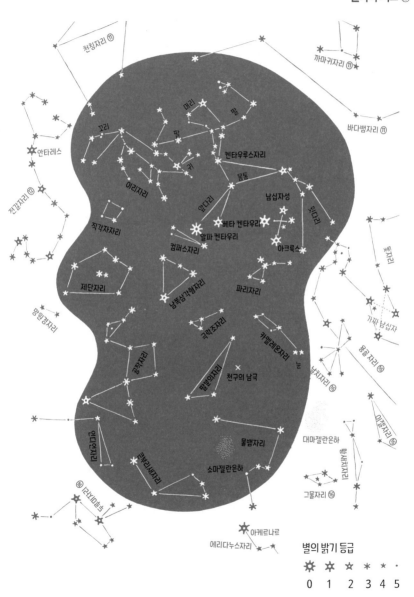

까마귀자리 ⑪

바다뱀자리 ⑪

천칭자리 ⑪

머리

팔

꼬리

귀

안타레스

몸통

켄타우루스자리

남십자성

전갈자리 ⑫

이리자리

앞다리

뒷다리

남십자성

직각자리

컴퍼스자리

알파 켄타우리

베타 켄타우리

아크룩스

파리자리

제단자리

남쪽삼각형자리

망원경자리

극락조자리

컴퍼스자리

카멜레온자리

돛자리

가짜 남십자

용골자리 ⑯

눈

파리머리자리

천구의 남극

날치자리 ⑯

인디언자리

공작자리

물뱀자리

대마젤란은하

화가자리 ⑯

큰부리새자리

그물자리 ⑯

남쪽물고기자리 ⑳

소마젤란은하

아케르나르

에리다누스자리

별의 밝기 등급

☼ ☆ ☆ ✳ ⁎ ·
0 1 2 3 4 5

별자리 지도 ⑰

최남단 별자리 Ⅱ

★ 베타 켄타우리
☆ 알파 켄타우리

켄타우루스자리(Centaur, Centaurus) 크고 인상적인 모양의 별자리이며 복잡한 모양치고는 찾기가 쉽다. 이 별자리가 상징하는 인물은 반인반마(半人半馬) 종족인 켄타우로스의 케이론으로, 아르고 원정대로 유명한 영웅 이아손의 스승이기도 하다. 별자리에서 1등성 두 개는 케이론의 앞발을 나타낸다. 그중에서 좀 더 밝은 별이 '알파 켄타우리(Alpha Centauri)'*다. 밝은 주황색을 띤 이 별은 모든 밝은 별들 중에서

....

★ 별자리의 라틴어명 소유격 앞에 붙는 그리스 알파벳 소문자는 천문학에서 별자리상의 별들을 밝기 순으로 표시하는 데 사용된다. 물론 고유의 이름을 가진 밝은 별들도 많다. 예를 들면 '사자자리의 알파별[Alpha[α] Lenios[Leo[Lion]의 소유격]]'은 '레굴루스(Regulus)', '백조자리의 베타별[Beta[β] Cygni[Cygnus[Swan]의 소유격]]'은 '알비레오(Albireo)'라고 부른다. 하지만 켄타우루스자리에서 가장 밝은 별들의 고유명인 '하다르(Hadar)'와 '위즌(Wazn)'은 더 이상 쓰지 않는다. 대신 그 별들은 평범하게 '켄타우루스자리의 알파별[알파 켄타우리(Alpha Centauri, Centaurus의 소유격)]과 베타별[베타 켄타우리]'이라고 부르지만, 국제천문연맹(IAU)은 2016년에 알파별의 공식 명칭을 '리길 켄타우루스(Rigil Kentaurus)'로, 2018년에는 베타별의 공식 명칭을 '톨리만(Toliman)'으로 승인했다. 남십자성의 가장 밝은 별들은 '아크룩스(Acrux)'와 '베크룩스(Becrux)'라는 이름이 널리 쓰이지만 공식 명칭은 아니다. '알파 크루키스(Alpha Crucis)'와 '베타 크루키스(Beta Crucis)'를 줄여서 부르는 일종의 약칭이다.

가장 가깝고 태양계에서 4.3광년밖에 떨어져 있지 않다. 알파 켄타우리는 실제로 두 별이 서로의 주위를 도는 쌍성이며 그중 더 큰 별은 크기가 태양만 하고 밝기는 태양보다 조금 더 밝다. 알파별만큼 아주 밝지는 않지만 푸른빛을 발하는 '베타 켄타우리(Beta Centauri)'는 우리와 190광년 떨어져 있고 태양보다 1,500배 밝다. 알파별은 우리와 더 가까이 있어 우리 눈에 베타별보다 더 밝아 보인다.

아크룩스

남십자성 또는 남십자자리(Southern Cross, Crux) 작지만★ 유명하다. 십자가 모양에서 더 긴 부분이 정확히 천구의 남극을 가리킨다. 그러나 안타깝게도 천구의 남극은 북극을 표시하는 북극성처럼 어떤 밝은 별로도 표시되어 있지 않다. 어쨌든 남십자성보다 더 크지만 덜 밝고 남쪽을 가리키지 않는 가짜 남십자(120쪽 참고)를 조심하자. 남십자성에는 1등성이 두 개 있는데 둘 다 푸른빛을 띤다. 그중에서 '아크룩스(Acrux)'로 알려진 더 밝은 알파별은 심지어 작은 망원경으로 관찰해도 쌍성의 모

....

★ 사실 면적으로 보면 남십자성이 가장 작은 별자리다. 이 별자리 지도에서 그보다 더 작은 것들이 보인다면 그 이유는 그런 별자리들에는 밝은 별들이 거의 없어서다. 별자리의 면적을 결정하는 별자리 경계선을 이 책에서는 제공하지 않으니 그 정보는 다른 별자리 지도 자료를 참고하기 바란다.

습이 나타난다. 그 쌍성은 지구와 약 320광년 떨어져 있으며 밝기를 합치면 태양보다 1,400배 밝게 빛난다. 베타별인 '베크룩스 (Becrux)'는 거리가 500광년 떨어져 있으며 밝기는 태양의 850배 쯤 된다. '크룩스(Crux)'는 '십자가(Cross)'라는 뜻의 라틴어이고, 북십자성이라는 별자리는 없으니 '남쪽의(Southern)'라는 말은 붙이지 않아도 된다. 앞서 백조자리에서 북십자성이라고 이름 붙인 별무리(68쪽 참고)는 성군(星群)일 뿐, 진짜 별자리가 아니다. 하지만 남십자성이라고 하면 왠지 낭만적으로 들리는 데다 대중적이니 그 이름을 고수하는 게 어떨까? 그런데 북쪽에서 온 방문객들이 남십자성을 구경하고는 실망할 때가 많다. 그 모습이 기대한 만큼 장엄하지 않고 십자가보다는 연을 더 닮았기 때문이다. 그래도 남십자성은 우아한 별자리다.

이 지역의 나머지 별자리 중에서는 겨우 세 개만 2등성이다. 바로 사각형의 몸통과 삼각형의 꼬리로 표시되는 '공작자리(Peacock, Pavo)', 이름이 같은 북쪽 별자리보다 더 크고 밝은 '남쪽삼각형자리 (Southern Triangle, Triangulum Australe)' 그리고 금방이라도 잡을 듯 자세를 취한 켄타우루스의 한쪽 팔 아래서 잽싸게 발을 옮기는 늑대 모양의 '이리자리(Wolf, Lupus)'다. 그 밖의 별자리를 살펴보면, 남십자성 근처에서 분주한 작은 별무리인 '파리자리

(Fly, Musca)'는 밤하늘의 유일한 곤충이다. 흐릿한 '팔분의자리(Octant, Octans)'는 지도에서 보이는 것처럼 비록 별자리 안은 아니지만 그 영역 안에 별이 없는 천구의 남극을 포함하고 있다. 삼각형자리 부근에는 제도사(製圖士)의 도구가 두 개 놓여 있는데, '컴퍼스자리(Dividers, Circinus)'와 '직각자자리(Square, Norma)'다. '극락조자리(Bird of Paradise, Apus)'는 지상에 사는 사촌 극락조의 화려한 모습이 눈곱만큼도 보이지 않는다. '카멜레온자리(Chameleon, Chamaeleon)'에서는 가까이 붙어 있어 눈에 잘 띄는 한 쌍의 별이

카멜레온의 머리를 나타낸다. '큰부리새자리(Toucan, Tucana)'는 이름처럼 정말 부리가 두드러져 보인다. '인디언자리(Indian, Indus)'는 어렴풋하게나마 아메리카 원주민들이 사용하는 도끼처럼 생겼다. '제단자리(Altar, Ara)'는 불규칙한 오각형으로 그 안에 성화(聖火)를 나타내는 별이 두 개 있다. 제단자리 부근에서 4등성 두 개로 이루어진 '망원경자리(Telescope, Telescopium)'는 신경 쓰지 않아도 된다.

제3부

별자리 달력

저기 새로운 별이
뜨고 있어!!

일러두기

행성과 별자리의 위치는 283~286쪽에 나오는 '행성 일정표'에서 확인할 수 있다. 크기, 거리, 공전 주기 같은 추가 정보는 278~281쪽에서 확인할 수 있다.

이제부터 우리는 열두 장의 별자리 달력 지도를 만나볼 것이다. 이 지도는 북위 25~55도 지역에서 1년 365일 언제든 밤 시간대에 따라 별자리를 찾을 수 있는 '때'와 별자리의 '위치'를 보여준다. 그보다 더 먼 북쪽 지역은 별자리 달력 지도 13을, 더 먼 남쪽 지역은 지도 14~16을 활용하기 바란다.

이런 정보는 한 장의 지도에 모두 담을 수 없다. 왜냐하면 별들이 천극을 중심으로 회전하면서 하늘은 천천히, 그러나 끊임없이 변하기 때문이다. 하룻밤만이라도 하늘을 몇 시간 간격으로 띄엄띄엄 관찰해보면 그런 변화를 알 수 있다. 한 시간 전에 서쪽에서 봤던 별들은 이제 지고 없다. 하늘 높이 떠 있던 별들은 더 낮아져 서쪽으로 이동하고 있다. 동쪽 지평선 위로 낮게 떠 있던 별들은 점점 더 높이 올라가고 동쪽에는 새로운 별들이 뜨고 있다. 이런 현상은 끝없이 진행된다.

게다가 하늘은 시시각각 변할 뿐 아니라 밤마다, 주마다, 달마다, 계절마다 바뀐다. 1월의 밤하늘은 4월이나 7월, 10월의 밤하늘과 다르다.

왜냐고? 바로 '4분' 때문이다. 별들이 천극 둘레를 도는 데는 딱 24시간이 아니라 23시간 56분 정도만 걸린다. 하루보다 약 4분이 모자란다. 따라서 별들은 '매일 전날보다 4분씩 일찍' 뜬다.★ 만약 이 4분이 없다면, 즉 별들이 한 바퀴 도는 데 '정확히' 24시간이 걸린다면 우리는 매일 밤 똑같은 시각에 똑같은 위치에 놓인 별들을 볼 수 있고, 별 보기는 세상에서 가장 간단한 일이 될 것이다.

지금은 하루 4분이 별것 아닌 듯 들리지만 그 4분이 계속 누적되어 한 달 뒤에는 '30일×4분=120분'이 된다. 오늘부터 한 달이 지나면 별들이 오늘보다 두 시간 일찍 뜨게 되는 셈이다. 이처럼 '한 달 뒤에 두 시간 일찍' 뜬다는 것은 전체 별 일정의 기초가 되는 단순한 공식이다.

달마다 두 시간씩 쌓이면 1년 동안 24시간이 되므로 1년 뒤에는 전체 주기가 정확히 똑같은 방식으로 반복된다. 예를 들어 작년 11월 12일 오후 9시에 본 별들을 올해 11월 12일 오후 9시에 똑같은 위치에서 보게 되고, 내년 11월 12일 오후 9시에도 그 별

········

★   여기서는 (스스로 관찰할 수 있는) '사실'과 그 결과만 고려하자. 그에 대한 설명은 253쪽을 참고하기 바란다.

들을 그 위치에서 보게 된다는 얘기다.

그럼 별 하나를 1년 내내 계속 따라가보자. 이 별이 4월 7일 오후 9시에 떠서 다음 날 오전 4시에 진다고 가정했을 때 다음과 같은 일정이 나올 것이다.

4월 7일: 오후 9시에 떠서 오전 4시에 진다. 밤새도록 별을 볼 수 있다.
5월 7일: 오후 7시에 떠서(아직 해가 남아 있다!) 오전 2시에 진다.
6월 7일: 오후 5시에 떠서 자정에 진다. 몇 시간 동안만 별을 볼 수 있다.
7월 7일: 오후 3시에 떠서 오후 10시에 진다. 잠깐 동안만 겨우 별을 볼 수 있다.

이제 별은 밤과 보조가 맞지 않는다.
8월 7일: 오후 1시에 떠서 오후 8시에 진다.
9월 7일: 오전 11시에 떠서 오후 6시에 진다.
10월 7일: 오전 9시에 떠서 오후 4시에 진다.
11월 7일: 오전 7시에 떠서 오후 2시에 진다.

해가 있는 시간에만 별이 뜨기 때문에 별을 아예 볼 수 없다.

별이 날마다 4분씩 계속 일찍 뜨면서 별과 밤의 보조가 다시 조금씩 맞춰진다.
12월 7일: 오전 5시에 떠서 정오에 진다. 동트기 전에만 별을 볼 수 있다.
1월 7일: 오전 3시에 떠서 오전 10시에 진다. 별을 보고 싶다면 몇 시간은 볼 수 있다.
2월 7일: 오전 1시에 떠서 오전 8시에 진다.
3월 7일: 오후 11시에 떠서(별 보기에 너무 불편한 시간은 아니다) 오전 6시에 진다.
4월 7일: 오후 9시에 떠서 오전 4시에 진다. 출발점으로 다시 돌아왔다.

보다시피 이 별은 3월, 4월, 5월인 봄에 가장 잘 보이므로 전형적인 '봄 별'이라고 불러야 한다. 마찬가지로 우리는 '여름 별', '가을 별', '겨울 별'도 이야기하고, 봄 밤하늘, 여름 밤하늘, 가을 밤하늘, 겨울 밤하늘*에 대해서도 이야기한다.

어떤 별을 봄 별이라고 부른다고 해서 그 별을 다른 계절에 절대 볼 수 없는 것은 아니다. 별을 볼 수는 있겠지만 아마도 편한 시간대는 아닐 것이다. 그러나 성질 급한 사람은 한겨울에도 봄 별을 볼 수 있다. 예컨대 3월 말 밤 11시나 4월 말 저녁 9시가 아니라 1월 말 새벽 3시에 밖으로 나가기만 하면 된다.

일정표 1년 동안 달마다(또는 실제로 하룻밤에 두 시간 간격으로) 일어나는 밤하늘의 변화가 146~193쪽의 열두 장짜리 별자리 달력 지도에 나와 있다. 145쪽의 '일정표'**는 어느 별자리 달력 지도를 사용해야 하는지를 한눈에 보여준다. 어느 것을 골라야 하는지는 날짜는 물론, 시간에도 좌우된다. 예를 들어 현재 날짜가 1월 15일이고 오후 8시에 별을 보고 있다면 일정표는 별자리 달

....

★ 다른 계절들보다 겨울에 밤하늘이 더 화려한데 부분적으로는 보통 따뜻한 공기보다 찬 공기가 건조해서 더 맑아지기 때문이다. 하지만 주된 이유는, 바로 겨울밤에 하늘의 가장 풍요로운 지역이 시야에 다 들어온다는 것이다. 별들이 창공에 골고루 흩어져 있지 않다 보니 어떤 지역은 별이 풍성한 반면 어떤 지역은 매우 빈곤하다.

★★ 이 일정표는 별자리 달력 지도 1~12에만 적용된다. 달력 지도 13~16은 북위 30~50도 지역 외 네 곳의 위도 지역의 밤하늘만 보여준다.

아, 봄 별이다!

력 지도 1을 사용해야 한다고 알려준다. 만일 현재 시각이 오후 10시라면 달력 지도 2를, 자정이라면 달력 지도 3을 봐야 한다. 별을 바라보고 있노라면 시간이 정신없이 흘러가서 같은 날 밤이라도 별자리 달력 지도를 몇 장씩 사용하는 경우가 생길 수 있다.

별자리 달력 지도와 사용법 146~193쪽에 나오는 별자리 달력 지도는 번호마다 두 장으로 되어 있다. 왼쪽 지도는 밤하늘에서 보이는 별들을 그대로 보여주고, 오른쪽 지도는 같은 별들을 별자리로 보이도록 선으로 연결하여 보여준다. 밖으로 나가기 전에 왼쪽 지도에 나오는 별자리들을 살펴본 다음, 오른쪽 지도에서 그것들을 한번 찾아보자. 시간 날 때마다 이런 사전 작업을 해두면 처음에는 헷갈리겠지만 나중에 실제 밤하늘을 보는 데 좋은 연습이 된다. 게다가 이런 연습은 재미있고 날씨도 문제 되지 않는다. 야외에서 어떤 별들을 보느냐는 날짜와 시간뿐 아니라 보는 사람이 위치해 있는 위도에도 어느 정도 좌우된다. 그래서 별자리 달력 지도에는 북위 30도, 40도, 50도로 표시한 세 개의 지평선이 겹쳐 그려져 있다. 이 삼중 지평선 그림은 드넓은 대륙의 다양한 지역에서, 예컨대 북위 30도쯤 있는 플로리다주의 세인트오거스틴에서도, 북위 40도에 있는 오하이오주의 콜럼버스에서도, 북위 50도에 있는 몬태나주의 블레인에서도 똑같이 유용하다. 그럼 이제 일정표에서 고른 별자리 달력 지도에서 자기가 있는 곳과 가장 가까운 위도의 지평선을 선택하자. 그다음에는 선택한 지평선 안에서 해당 날짜와 시간에 볼 수 있는 별들을 찾는다. 다만 그 지평선 밖에 있는 별들은 본인이 위치한 곳의 지평선 아래에 있기 때문에 보이지 않을 것이다.

별자리 달력 지도들을 대충 훑어보면 밤하늘의 많은 부분이 세 위도에서 모두 어느 정도 같다는 사실을 알아차릴 것이다. 차이가 나는 곳은 하늘의 최남단과 최북단이다. 남쪽의 관찰자는 먼 북쪽의 관찰자가 하늘의 최남단 부분에서 보지 못하는 별들을 볼 수 있고, 반대로 북쪽의 관찰자는 먼 남쪽의 관찰자가 보지 못하는 최북단의 별들을 볼 수 있다. 예를 들어 별자리 달력 지도 2에서 남쪽의 밝은 별인 노인성(카노푸스)이 북위 30도에서는 보이지만 북위 40도나 50도에서는 보이지 않는다. 반면 북쪽 하늘에 있는 별 데네브는 북위 50도에서는 보이지만 북위 40도나 30도에서는 보이지 않는다. 아울러 북극성은 북위 40도나 50도보다는 북위 30도에서 볼 때 지평선에 훨씬 더 가까이 (다시 말하면 하늘에 더 낮게) 떠 있다. 남쪽으로 멀리 갈수록 북극성의 고도는 더 낮아지고 북쪽으로 멀리 갈수록 더 높아지는 것이다.

어떤 별들과 별자리들은 지평선을 넘어선 별자리 지도의 하얀 지면에 등장한다. 따라서 최소 북위 25도쯤 되는 플로리다 남부 같은 먼 남쪽 지역과 북위 55도쯤인 알래스카 남부 같은 먼 북쪽 지역에서도 이 별자리 달력 지도가 유용하다. 만약 북위 55도보다 더 북쪽이거나 북위 25도보다 더 남쪽에 있다면 194~217쪽에 추가한 별자리 달력 지도 13~16을 사용한다.

자, 이제 밖으로 나가보자. 북두칠성에서 출발해 북극성을 찾아내 '북쪽 하늘'을 먼저 확인한다. 북극성 둘레를 도는 북쪽 별들은 1년 내내 똑같으므로 한눈에 알아볼 것이다. 그다음에는 '서쪽 하늘'을 본다(왜냐하면 서쪽 별들은 지고 있기 때문이다. 만약 하늘에 있는 나머지 별들을 훑어보느라 시간을 지체하면 서쪽 별 중 일부는 이미 사라지고 없을 것이다). 그러고 나서 남쪽 하늘과 동쪽 하늘을 살핀다. 서쪽을 볼 때는 별자리 지도에서 '서'라는 글씨가, 동쪽을 볼 때는 '동'이라는 글씨가, 북쪽을 볼 때는 '북'이라는 글씨가, 남쪽을 볼 때는 '남'이라는 글씨가 위로 가도록 책 방향을 바꿔줘야 한다. 그래야 달력 지도의 별자리들을 실제 밤하늘과 똑같은 위치에서 볼 수 있다. 그럼 이제 '가장 밝은 별들'을 먼저 찾아보자(그 별들은 각 달력 지도 아래에 설명되어 있다). 그다음에는 가장 눈에 띄는 '별자리들'을 찾고, 그 뒤에 희미한 별자리들을 찾아본다. 찾으려는 별자리에 대한 설명을 원하면 '별자리 이름 뒤에 붙은 번호'를 보고 상세 설명이 포함된 별자리 지도를 찾아 참고하면 된다. 머리 위의 별들을 살펴보려면 앉거나 눕는 게 낫다. 경험해보면 정말 보람을 느낄 것이다. 이때 담요나 의자가 있으면 도움이 된다. 서 있는 자세에서 학처럼 목을 길게 빼고 별을 보다가는 금세 현기증이 나고 다음 날 아침에는 근육통을 앓을 것이다. 별자리가 지평선 위로 아주 낮게 떠 있을 때는 그걸 보려고 너무 애쓰지 마라. 지상에서 가까운 대기는 높은 곳의 대기보다 밀도가 높은 데다, 심지어 맑은 날 밤에도 지상의 먼지나 안개가 희미한 별들*을 모두 가려버리고 밝은 별들도 어두워 보이게 만들기 때문이다.

몇 가지 주의 사항 태양과 달은 하늘 높이 떠 있을 때보다 지평선 가까이에 있을 때 훨씬 더 커 보인다[이른바 '달 착시(Moon Illusion)'** 현상이다]. 별자리도 마찬가지다. 하늘 높이 떠오를수

········

★ 그럼에도 별자리 달력 지도에는 지평선 근처의 희미한 별들이 나온다. 그 별들이 지평선 위로 떠오르면 점점 눈에 보이고, 심지어 실제로 보이기 전에도 별들의 위치를 알면 별자리를 찾아내는 데 도움이 되기 때문이다. 반대로 지평선 아래로 지고 있는 희미한 별들도 나중에는 점점 보이지 않게 되지만 마찬가지로 도움이 된다.

★★ 실제로 순전히 보는 이의 착각이다. 달이 하늘에 높이 떠 있든, 낮게 떠 있든 간에 크기를 측정하거나 사진을 찍어보면 달의 크기는 정확히 같다. 우리가 평소 무언가를 수직으로

대기는 높은 곳보다 지상
근처에서 밀도가 훨씬 높다

대 기

낮게 떠 있는 별들은 더 많은 대기 때문에
높이 뜬 별들보다 어둡다

그림 9: 대기의 영향

록 크기가 줄어드는 것 같다. 예컨대 8월 밤하늘의 카시오페이아자리를 관찰해보면 해가 진 뒤에는 낮게 떠 있어 상당히 커 보이는데, 자정이 되면 하늘 중간쯤 떠서 작아 보이고, 동트기 전 우리 머리 위에 와 있을 때는 더 작아져 있다. 마찬가지로 하늘에 낮게 떠 있는 별들도 고도를 측정해보면 실제 높이보다 더 높아 보인다. 한 예로 북위 40도 지역에서 지평선 위로 40도쯤 올라간 상공(즉, 천정에서 50도 내려간 곳)에 있는 북극성을 보면 적어도 하늘 중간에 떠 있는 것처럼 보인다.

많은 초보 관찰자들이 하늘에서 펼치는 별자리들의 공중 곡예

....

올려다보기보다는 정면으로 바라보면서 크기를 판단하는 경험이 더 많다 보니(크기 판단은 후천적 능력이다), 달뿐 아니라 머리 위로 높이 있는 대상은 같은 거리에서 수평으로 있을 때보다 우리 눈에 더 작아 보인다.

를 보며 놀라움을 감추지 못한다. 34쪽의 우산에 붙어 있는 북두칠성이 위아래가 뒤집히거나 옆으로 놓이는 것처럼 실제 하늘에서의 별자리 모습도 다양한 자세로 나타난다. 별자리를 하나 고른 뒤 별자리 달력 지도들을 한 장 한 장 넘기면서 그 별자리의 경로를 한번 따라가보자. 예를 들어 별자리 달력 지도 2~8에 나오는 처녀자리를 살펴보면 처음에는 처녀가 머리를 삐죽 내밀면서 등장하고 그다음에는 아래에 등을 대고 드러누웠다가 나중에는 발을 공중에 뻗은 채 퇴장한다. 또는 별자리 달력 지도 11, 12, 1~5에 등장하는 쌍둥이자리의 경로를 따라가봐도 좋다(별자리 달력 지도 1은 계절의 끝없는 순환 속에서 지도 12 다음에 이어진다고 보면 된다). 이런 별난 움직임들은 하늘이 기울어진 축을 중심으로 회전하는 데서 비롯된다. 일단 그 사실을 알고 나면 별자리의 장난이 그토록 혼란스럽지 않을 것이다.

또 하나 알아둘 게 있다. 우리가 보는 밤하늘의 별들은 모두 같은 크기로 보인다. 맨눈으로 보든, 쌍안경이나 망원경으로 보든 간에 아주 작은 빛이다. 차이라고는 오로지 '밝기'뿐이어서 어떤 별들은 밝고 어떤 별들은 어두워 보인다. 별자리 지도에서는 다양한 밝기를 나타내기 위해 '다양한 크기'의 기호를 사용할 수밖에 없지만 심지어 가장 작은 기호로 표시되는 별이라 해도 실제로 밤하늘에 보이는 가장 밝은 별보다 훨씬 더 크다. 그 결과, 별자리 지도의 별들은 밤하늘의 별들보다 상대적으로 한층 더 가까이 붙어 있는 것처럼 보인다. 오리온자리에 있는 허리띠 모양의 삼형제별이나 독수리자리에서 머리를 이루는 세 개의 별을 보면 그 차이가 분명해진다.

행성 밤하늘에서 별자리 지도에 없는 밝은 별을 발견한다면 아마 '행성'일 것이다. 행성은 별자리 지도에 나오지 않는데, 일정한 거처 없이 별자리 사이를 떠돌아다니기 때문이다.

지구를 포함해 태양의 아홉 행성 가운데 다섯 개는 밤하늘에서 맨눈으로 볼 수 있다. 바로 수성, 금성, 화성, 목성, 토성이다. 그중에서 수성(Mercury)은 태양에 아주 가까이 있어 거의 본 적이 없을 것이다. 나머지 네 행성의 경우, 평소 하나는 늘 볼 수 있고, 두 개가 보일 때도 종종 있다. 또한 꼭 같은 시간대는 아니지만 세 개가 보일 때도 있고, 이따금 네 개를 전부 다 보기도 한다.

다행히 행성들은 늘 알려진 길을 따라 이동하는데 '황도 12궁'을 지나면서 '황도'에서 절대 멀리 떨어지지 않는다. 그런 까닭에 황도는 모든 별자리 달력 지도에서 흰 점선으로 표시되어 있다. 그러므로 그 선 근처에서는 지도에 나오지 않는 밝은 별들을 항상 조심하자. 그 별들은 행성일 테니까.

'금성(Venus)'은 앞서 말한 행성들 가운데 가장 밝고 모든 항성보다 유난히 반짝반짝 빛난다. 그래서 쉽게 발견할 수 있다. 게다가 아주 하늘 높이 뜨는 법이 없다. 금성은 해가 진 뒤에 서쪽 지평선 위에서 '저녁별(개밥바라기)'로 빛나거나 아니면 동쪽 지평선 위에서 '샛별'로 빛난다. 그러니 한밤중에는 절대 금성을 찾지 마라. '목성(Jupiter)'은 금성만큼이나 아주 밝지는 않지만 그래도 모든 항성들보다는 밝다. 목성은 밤중에 황도 근처에서 동에 번쩍 남에 번쩍 서에 번쩍 하면서 높이 뜨기도 하고 낮게 뜨기도 한다. '화성(Mars)'과 '토성(Saturn)'도 마찬가지다. 토성은 목성만큼 밝지는 않지만 언제나 1등급의 밝기로 보인다. 반면 화성은 지구와의 거리에 따라 밝기의 변화가 매우 심하다★. 종종 토성보다 밝기도 하고, 드물긴 하지만 목성만큼, 아니 그보다 훨씬 밝기도 하며, 2등급으로 떨어질 정도로 어두울 때도 많다. 하지만 더 밝아지든 더 어두워지든 화성은 그 붉은색 때문에 언제나 구별할 수 있다. 사실 모든 행성들에는 저마다 한결같은 빛깔이 있어서 구분이 가능하다. 항성들보다 덜 반짝반짝 빛나도 말이다.

초보 관찰자는 행성들의 방랑벽 때문에 그것들을 골칫거리로 여길 수 있겠지만, 그 순간에 행성들이 어느 별자리에 있는지를

....

★ 지구에서 화성까지의 거리는 지구에서 다른 행성들까지의 거리와 비교했을 때 변화의 폭이 매우 크다. 화성이 지구와 가장 가까울 때의 거리는 약 5,472만 킬로미터로, 이때 가장 밝게 보이며, 지구에서 가장 멀어질 때의 거리는 3억 9,751만 킬로미터로 7배 이상의 변수가 작용한다. 반면 지구와 목성의 거리는 5억 9,063만 킬로미터에서 9억 6,561만 킬로미터 사이에서만 변동이 있고, 지구와 토성의 거리는 11억 9,896만 킬로미터에서 16억 934만 킬로미터 사이에서 변화한다.

안다면 행성들을 찾아내는 일은 재미있다. 283~286쪽에 나오는 '행성 일정표'를 보면 그 정보를 얻을 수 있다. 크기, 거리, 공전 주기 같은 추가 정보는 278~281쪽에서 찾아보면 된다.

'은하수(Milky Way)'는 별자리 달력 지도에서 아주 작은 흰 점들로 이루어진 불규칙한 띠로 나타난다. 그러나 맑고 캄캄한 밤이 아니라면 하늘에서 은하수를 찾지 마라. 달이 밝거나 안개가 살짝만 껴도 은하수는 완전히 가려지기 때문이다. 그리고 스모그나 불빛이 많은 대도시에서도 좀처럼 보이지 않는다. 하지만 은하수가 보이면 천상의 화려함의 극치를 볼 수 있을 뿐 아니라 그 안이나 근처에 있는 별자리를 찾는 데도 도움이 된다. 은하수나 은하에 대해 더 알고 싶으면 309쪽을 참고하라.

마지막으로 이런 의문이 들지도 모르겠다. "이 별자리 달력 지도는 서반구[본초 자오선(경도 0도)을 기준으로 서쪽의 반구를 가리키며 아메리카 대륙이 여기에 속함-옮긴이]에서만 사용할 수 있나, 아니면 동반구(유럽, 아시아, 아프리카, 오세아니아 지역이 여기에 속함-옮긴이)에서도 사용할 수 있나?" 이에 대한 대답은 어디서나 사용할 수 있다는 것이다. 얼마나 먼 동쪽에 있든 얼마나 먼 서쪽에 있든 차이가 없다. 오직 위도만 문제가 된다. 서울에서든 베이징에서든 샌프란시스코에서든 똑같은 별자리 지도와 일정표를 사용할 수 있다. 관찰 지역의 표준시에 따라 같은 시간에 같은 별들이 보일 것이다.

그럼 이제 즐겁게 별을 보자!

알아두기 오른쪽 표의 보라색 칸은 북위 40도에서의 밤의 길이를 표시한다. 북위 40도를 기준으로 가장 긴 낮과 밤의 길이가 북위 50도에서는 한 시간 정도 늘어나고 북위 30도에서는 한 시간 정도 짧아진다. 별자리 달력 지도 13~16은 별도로 나와 있는 일정 표를 사용하기 바란다.

올바른 별자리 달력 지도를 고르기 위한 일정표

보라색 칸의 숫자는 어느 해가 됐든 날짜와 밤 시간대에 따라
사용할 별자리 달력 지도 번호를 알려준다.

	5-6 (시)	6-7	7-8	8-9	9-10	10-11	11-12	12-1	1-2	2-3	3-4	4-5	5-6	6-7	
1월 1일	11	11	12	12	1	1	2	2	3	3	4	4	5	5	1월 1일
1월 16일	11	12	12	1	1	2	2	3	3	4	4	5	5	6	1월 16일
2월 1일	12	12	1	1	2	2	3	3	4	4	5	5	6	6	2월 1일
2월 15일		1	1	2	2	3	3	4	4	5	5	6	6		2월 15일
3월 1일		1	2	2	3	3	4	4	5	5	6	6	7		3월 1일
3월 16일			2	3	3	4	4	5	5	6	6	7	7		3월 16일
4월 1일			3	3	4	4	5	5	6	6	7	7			4월 1일
4월 16일			3	4	4	5	5	6	6	7	7	8			4월 16일
5월 1일				4	5	5	6	6	7	7	8	8			5월 1일
5월 16일				5	5	6	6	7	7	8	8				5월 16일
6월 1일				5	6	6	7	7	8	8	9				6월 1일
6월 16일				6	6	7	7	8	8	9	9				6월 16일
7월 1일				6	7	7	8	8	9	9	10				7월 1일
7월 16일			6	7	7	8	8	9	9	10	10				7월 16일
8월 1일			7	7	8	8	9	9	10	10	11				8월 1일
8월 16일			7	8	8	9	9	10	10	11	11	12			8월 16일
9월 1일			8	8	9	9	10	10	11	11	12	12			9월 1일
9월 16일		8	8	9	9	10	10	11	11	12	12	1			9월 16일
10월 1일		8	9	9	10	10	11	11	12	12	1	1	2		10월 1일
10월 16일		9	9	10	10	11	11	12	12	1	1	2	2		10월 16일
11월 1일	9	9	10	10	11	11	12	12	1	1	2	2	3		11월 1일
11월 16일	9	10	10	11	11	12	12	1	1	2	2	3	3	4	11월 16일
12월 1일	10	10	11	11	12	12	1	1	2	2	3	3	4	4	12월 1일
12월 16일	10	11	11	12	12	1	1	2	2	3	3	4	4	5	12월 16일
	5-6	6-7	7-8	8-9	9-10	10-11	11-12	12-1	1-2	2-3	3-4	4-5	5-6	6-7	

좌측 세로 칸 설명: 해가 아직 지지 않음 / 해가 아직 있거나 지고 있음

우측 세로 칸 설명: 동이 트기 시작함 / 동이 아주 틈

모든 시간은 '표준시'다.

중간에 낀 날짜들의 경우에는 일정표에서 가장 가까운 날짜를 고른다.

예를 들어 4월 24일 오후 9시 45분이라면 날짜는 5월 1일,

시간은 오후 9~10시에 해당하는 별자리 달력 지도 5를 사용하면 된다.

북위 40도 지역에서 보이는 1등성은 모두 아홉 개다. 밝기의 순서대로 이야기하겠다. 모든 별 중에 가장 밝은 큰개자리의 시리우스가 푸른빛을 내며 남동쪽에 떠 있다. 시리우스는 해가 졌을 때 가장 먼저 보이는 별이다(황도 근처에 있을 수 있는 행성들을 제외하면 그렇다. 행성 일정표 참고). 마차부자리의 카펠라는 노랗게 빛나면서 우리 머리 위에 떠 있다. 푸른빛이 도는 흰 별인 오리온자리의 리겔은 남쪽 하늘에 떠 있다. 노란빛이 도는 흰 별인 작은개자리의 프로키온은 남동쪽에 있다. 오리온자리의 베텔게우스는 붉은빛을 발하면서 남쪽에 가까운 동쪽에 있다. 황소자리의 알데바란은 주황색으로 빛나면서 남쪽 하늘에 높이 떠 있다. 쌍둥이자리의 폴룩스는 노란빛을 내면서 남동쪽에 높이 떠 있다. 백조자리의 데네브가 하얗게 빛나면서 북서쪽으로 지고 있다. 푸른빛이 도는 흰 별인 사자자리의 레굴루스는 동쪽에서 올라오고 있다. 북위 50도 지역에서는 거문고자리의 직녀별(베가)이 북쪽에 가까운 서쪽으로 지고 있어 마지막으로 아주 잠깐 볼 수 있다. 북위 35도 아래 지역에서는 모든 별 중에 두 번째로 밝은 용골자리의 노인성(카노푸스)이 남쪽에 가까운 동쪽에서 뜨고 있다. 페가수스 사각형은 서쪽으로 지고 있다. 맑고 캄캄한 밤이라면 페가수스 사각형 위에 있는 안드로메다은하를 한 번 찾아보자. 오리온자리 아래로는 토끼자리가 자세를 잡고 있다. 그럼 이제 남쪽을 향해 앉아서 황소자리를 찾아보자. 황소의 머리 부분에 있는 플레이아데스성단은 놓칠 수가 없다. 아울러 알데바란과 그 부근의 히아데스성단도 찾아보자. 황소자리의 나머지 별들은 찾기 쉽지 않지만 공들여 찾아볼 만한 가치가 있다. 별자리 지도에서 점선으로 윤곽이 드러나는 '대육각형(Great Hexagon)'도 한번 찾아보자. 대육각형은 꼭짓점이 되는 카펠라, 폴룩스, 프로키온, 시리우스, 리겔, 알데바란 그리고 도형 안쪽에 있는 베텔게우스까지 일곱 개의 1등성으로 이루어져 있다. 이 육각형은 겨울 밤하늘의 화려함이 돋보이는 풍요로운 지역이다. 그 지역의 서쪽은 다소 흐릿한 '물이 많은 지역'으로, 강처럼 굽이쳐 흐르는 에리다누스자리, 고래자리, 물고기자리가 들어차 있다. 이 별자리들은 모두 지평선 아래로 내려가고 있어서 가을이 와야 다시 볼 수 있다.

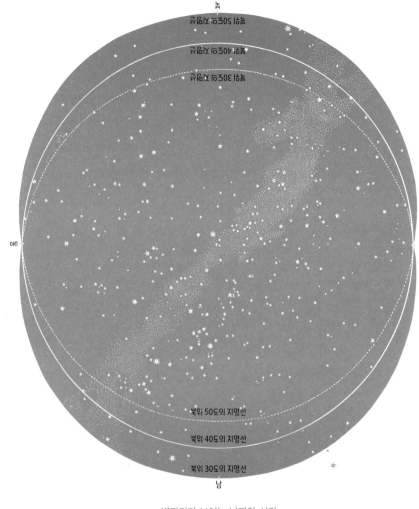

별자리가 보이는 날짜와 시간

1월 1일 .... 오후 9~11시	10월 1일 .... 오전 3~5시
1월 16일 .... 오후 8~10시	10월 16일 .... 오전 2~4시
2월 1일 .... 오후 7~9시	11월 1일 .... 오전 1~3시
2월 15일 .... 오후 6~8시	11월 16일 .... 자정~오전 2시
3월 1일 .... 해 질 녘	12월 1일 .... 오후 11시~오전 1시
9월 16일 ....동틀 녘	12월 16일 ....오후 10시~자정

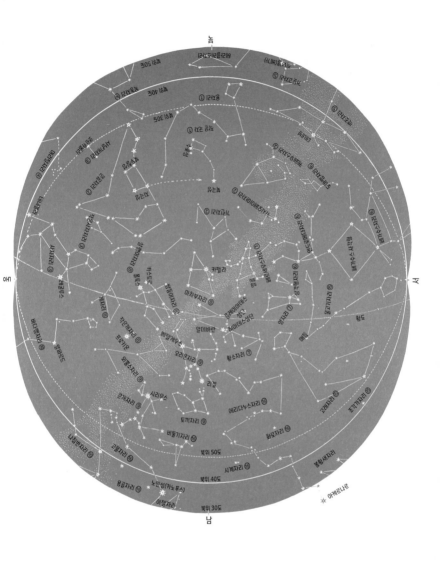

별의 밝기 등급

☀ ☆ ✦ ✱ ✸ ·
0   1   2   3   4   5

별자리 달력 지도 2

북위 40도 지역에서 보이는 1등성은 모두 여덟 개다. 밝기의 순서로 이야기하겠다. 지금까지 가장 밝은 별로 알려진 큰개자리의 시리우스가 해가 지면 남쪽 지평선 위로 높이 푸르게 빛나면서 제일 먼저 보인다(황도 근처에 있을 수 있는 행성들을 제외하면 그렇다. 행성 일정표 참고). 마차부자리의 카펠라는 노랗게 빛나면서 우리 머리 위에 떠 있다. 푸른빛이 도는 흰 별인 오리온자리의 리겔은 남서쪽에 떠 있다. 노란빛이 도는 흰 별인 작은개자리의 프로키온은 남동쪽에 높이 떠 있다. 오리온자리의 베텔게우스는 붉은빛을 발하면서 남서쪽에 있다. 황소자리의 알데바란은 주황색으로 빛나면서 서쪽에 가까운 남쪽에 떠 있다. 쌍둥이자리의 폴룩스는 노란빛을 내면서 우리 머리 위에 있다. 푸른빛이 도는 흰 별인 사자자리의 레굴루스는 동쪽에 가까운 남쪽에 떠 있다. 북위 35도 아래 지역에서는 모든 별 중에 두 번째로 밝은 용골자리의 노인성(카노푸스)이 하얗게 빛나면서 남쪽 지평선 위에 낮게 떠 있다. 동쪽에 가까운 북쪽 지평선에서 목동자리의 아르크투루스가 주황빛을 발하면서 뜨는 것을 지켜보라. 만약 북위 40도 이상의 지역에 있다면 벌써 더 높이 떠오르는 광경을 볼 것이다. 가장 밝은 21개의 별 중 일곱 개(지도 1의 설명 참고)가 밤하늘의 가장 풍요로운 지역에서 만들어내는 '대육각형(Great Hexagon)'을 한번 찾아보자. 그에 반해 동쪽과 서쪽 하늘은 다소 심심하다. 아울러 서쪽에 높이 자리 잡은 매혹적인 플레이아데스성단도 찾아보자. 쌍둥이자리는 거의 우리 머리 위에 있다. 쌍둥이자리를 잘 보려면 남쪽을 향해 앉아야 한다. 만약 먼 남쪽 지역에서 별을 보고 있다면 거대한 아르고자리의 부분 별자리들을 찾아보라. 큰개자리에서 개 뒷다리의 서쪽에 있는 비둘기자리를 찾아봐도 좋고, 재미 삼아 희미한 외뿔소자리를 찾아봐도 좋을 것이다.

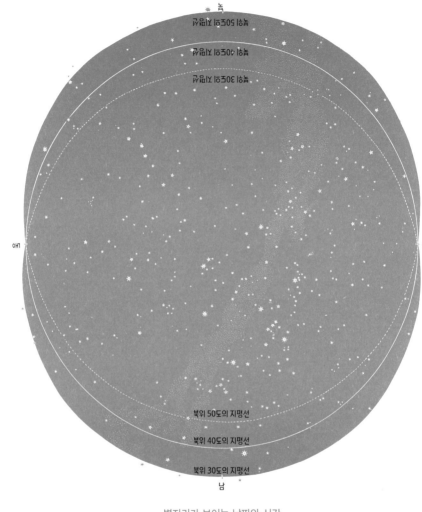

별자리가 보이는 날짜와 시간

2월 1일	오후 9~11시	11월 1일	오전 3~5시
2월 15일	오후 8~10시	11월 16일	오전 2~4시
3월 1일	오후 7~9시	12월 1일	오전 1~3시
3월 16일	해 질 녘	12월 16일	자정~오전 2시
10월 1일	동틀 녘	1월 1일	오후 11시~오전 1시
10월 16일	오전 4~6시	1월 16일	오후 10시~자정

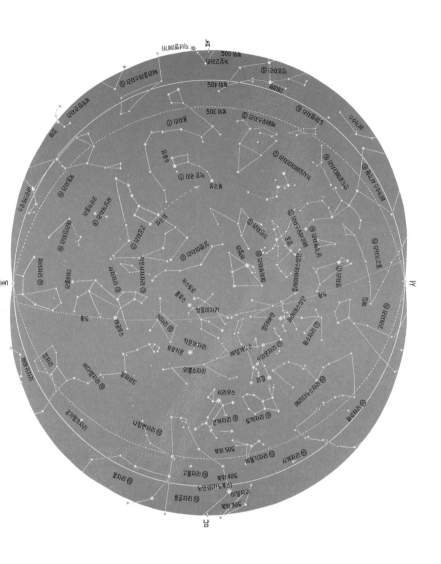

북

지리수(베가) 🟡

거문고자리 ⑥

북위 50도

북위 40도

은하수

백조(북십자)자리 ⑥

페가수스자리 ⑤

북위 30도

안드로메다자리 ⑫

데네브

페르세우스자리 ⑥

카시오페이아자리 ⑩

삼각형자리 ⑥

양자리 ⑦

북극성

머리털자리 🟡

큰곰자리 ④

사냥개자리 ⑫

살쾡이자리

마차부자리 ④

카펠라

플레이아데스성단

마차부자리 ③

카펠라

알데바란

황소자리 ⑥

히아데스성단

동

사자자리 ④

목동자리 ③

아크투루스

사자자리 ④

데네볼라

쌍둥이자리

폴룩스

카스토르

게자리 ⑦

처녀자리

스피카

처녀자리 ①

스피카

황도

천칭자리

작은개자리

프로키온

외뿔소자리

베텔게우스

오리온자리 ①

리겔

서

마차부자리

오리온자리 ①

리겔

에리다누스자리 ⑦

큰부리새자리 ⑪

바다뱀자리 ⑫

우미르드

시리우스

큰개자리 ⑨

토끼자리 ⑨

에리다누스자리 ⑦

뱀주인자리 ⑪

나침반자리 ⑩

큰개자리 ⑨

비둘기자리 ⑫

시계자리 ⑩

화로자리 ⑫

북위 50도

고물자리 ⑩

노인성(카노푸스)

용골자리 ⑩

북위 40도

이젤자리 ⑪

북위 30도

남

별의 밝기 등급

☀ ☆ ☆ * * ·
0 1 2 3 4 5

별자리 달력 지도 3

북위 40도 지역에서 보이는 1등성은 모두 열 개다. 밝기의 순서 대로 이야기하겠다. 모든 별 중에 가장 밝은 큰개자리의 시리우 스가 푸른빛을 내면서 남서쪽에 떠 있다. 시리우스는 해 질 녘에 가장 먼저 보이는 별이다(황도 근처에 더 밝은 행성들이 없다면 그렇다. 행성 일정표 참고). 목동자리의 아르크투루스는 주황색으로 빛나면서 동쪽에 가까운 북쪽에 떠 있다. 마차부자리의 카펠라는 노랗게 빛나면서 북서쪽에 높이 떠 있다. 푸른빛이 도는 흰 별인 오리온자리의 리겔은 남서쪽으로 내려가고 있다. 노란빛이 도는 흰 별인 작은개자리의 프로키온은 남쪽에 가까운 서쪽에 높이 떠 있다. 오리온자리의 베텔게우스도 붉은빛을 발하면서 남서쪽에 있다. 황소자리의 알데바란은 주황색으로 빛나면서 서쪽으로 내려가고 있다. 쌍둥이자리의 폴룩스는 노랗게 빛나면서 우리 머리 위의 서쪽에 높이 떠 있다. 처녀자리의 스피카는 푸른빛을 내며 동쪽에 가까운 남쪽에서 떠오른다. 푸른빛이 도는 흰 별인 사자자리의 레굴루스는 남동쪽에 높이 떠 있다. 북위 50도 지역에서는 푸른빛이 도는 흰 별인 거문고자리의 직녀별(베가)이 북동쪽에서 떠오르고, 백조자리의 데네브도 북쪽에서 뜨고 있다. 북위 30도 지역에서는 노란빛이 도는 흰 별인 용골자리의 노인성(카노푸스)이 남서쪽으로 지고 있다. 북두칠성의 국자 손잡이에서 호를 그리며 이어지는 아르크투루스와 스피카는 3등성 코르카롤리, 사자의 꼬리 끝에 붙어 있는 2등성 데네볼라와 함께 지도에 점선으로 표시된 것처럼 처녀의 다이아몬드를 만든다. 동쪽에 가까운 남쪽에 높이 뜬 사자자리를 한번 찾아보자. 그 모양이 사자와 비슷하다. 고대 근동 지역(북아프리카와 서남아시아 지역 - 옮긴이)의 민족들은 사자를 잘 알고 있었고 그 덕에 우리는 이 별자리를 갖게 됐다. 남쪽에 높이 떠 있는 바다뱀의 머리와 그 위에 있는 게자리의 '벌집성단'도 찾아보자. 만약 먼 남쪽 지역에 있다면 정남쪽에 떠 있는 '가짜 남십자'를 찾아보라. 두 시간쯤 지나면 진짜 남십자성이 남동쪽에서 올라올 것이다(달력 지도 4 참고). '대육각형'은 현재 이동 중이며 한참 동안 돌아오지 않을 것이다(달력 지도 11 참고).

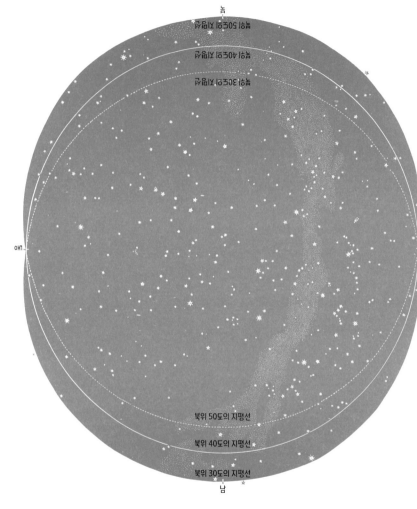

북

북위 50도의 지평선

북위 40도의 지평선

북위 30도의 지평선

서

북위 50도의 지평선

북위 40도의 지평선

북위 30도의 지평선

남

별자리가 보이는 날짜와 시간

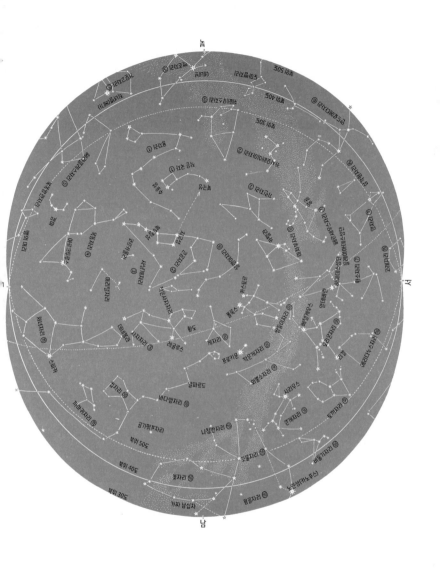

별의 밝기 등급

☼ ☆ ☆ ★ ★ ·
0 1 2 3 4 5

북위 40도 지역에서 보이는 1등성은 모두 열 개다. 밝기의 순서 대로 이야기하겠다. 큰개자리의 시리우스가 푸른빛을 내면서 남 서쪽으로 지고 있는데 지상의 대기 때문에 매우 어두워 보인다. 목동자리의 아르크투루스는 주황색으로 빛나면서 동쪽 하늘 중 간쯤에 떠 있다. 해가 지면 가장 먼저 보이는 별이다(황도 근처에 있을지도 모르는 행성들이 없다면 그렇다. 행성 일정표 참고). 푸른빛 이 도는 흰 별인 거문고자리의 직녀별(베가)이 북동쪽에서 떠오 른다. 마차부자리의 카펠라는 북서쪽으로 내려가고 있다. 노란 빛이 도는 흰 별인 작은개자리의 프로키온은 서쪽에 가까운 남 쪽으로 내려가고 있다. 오리온자리의 베텔게우스는 붉은빛을 발 하면서 서쪽에 낮게 떠 있다. 황소자리의 알데바란은 주황색으 로 빛나면서 서쪽에 가까운 북쪽으로 지고 있다. 쌍둥이자리의 폴룩스는 노랗게 빛나면서 서쪽 하늘 중간에 떠 있다. 처녀자리 의 스피카는 푸른빛을 내며 남동쪽에 떠 있다. 푸른빛이 도는 흰 별인 사자자리의 레굴루스는 남쪽 하늘에 높이 떠 있다. 북위 50 도 지역에서는 백조자리의 데네브가 하얗게 빛나면서 북동쪽에 서 떠오른다. 서쪽 하늘을 디디고 똑바로 서 있는 쌍둥이자리의 카스토르와 폴룩스는 그들 기준에서 왼쪽에 있는 프로키온과 시리우스 그리고 오른쪽에 있는 마차부의 모자 오른쪽의 밝은 별인 카펠라와 함께 지도에 점선으로 표시된 것처럼 초승달 모양의 큰 곡선을 그리고 있다. 남동쪽에 있는 '처녀의 다이아몬드'도 찾아보자(별자리 달력 지도 3 참고). '육식동물 코너'는 지금 최상의 모습을 보여준다(59쪽의 알아두기 참고). 큰곰, 큰사자, 작은사자, 살쾡이가 거의 우리 머리 위에 모여 있고 용은 승천하고 있다. 큰곰자리를 찾으려면 발이 북쪽을 향하게 앉거나 눕는다. 은하수는 찾지 마라. 지평선에 너무 가까이 있어 잘 보이지 않는다. 만약 대략 북위 25도 아래로 아주 먼 지역에 있다면 남쪽에 가까운 동쪽에서 낮게 뜨는 남십자성과 더불어 남쪽에 가까운 서쪽으로 지는 가짜 남십자를 볼 수도 있다.

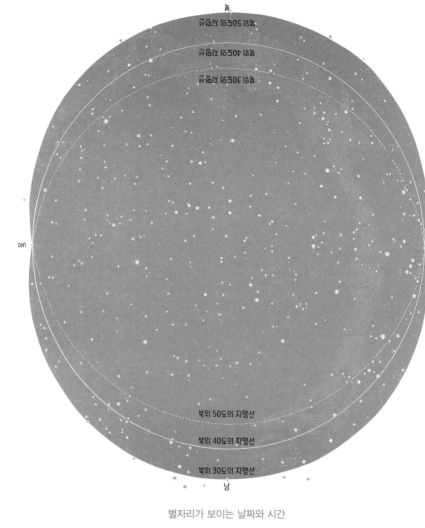

북

북위 50도의 지평선

북위 40도의 지평선

북위 30도의 지평선

서

북위 50도의 지평선

북위 40도의 지평선

북위 30도의 지평선

남

별자리가 보이는 날짜와 시간

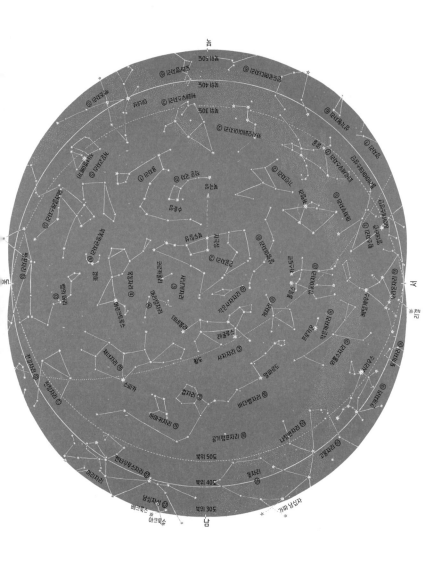

별의 밝기 등급

☀ ☆ ★ ✸ ✶ ·
0 1 2 3 4 5

북위 40도 지역에서 보이는 1등성은 모두 아홉 개다. 밝기의 순서대로 이야기하겠다. 목동자리의 아르크투루스가 주황색으로 빛나면서 우리 머리 위에 떠 있다. 행성들만 없다면(행성 일정표 참고) 아르크투루스는 해 질 무렵에 가장 먼저 보이는 별이다. 푸른빛이 도는 흰 별인 거문고자리의 직녀별(베가)은 북동쪽에서 올라오고 있다. 마차부자리의 카펠라는 노란빛을 내면서 북서쪽으로 지고 있다. 노란빛이 도는 흰 별인 작은개자리의 프로키온은 서쪽으로 진다. 쌍둥이자리의 폴룩스는 노랗게 빛나면서 서쪽에 가까운 북쪽에 낮게 떠 있다. 처녀자리의 스피카는 푸른빛을 내면서 남쪽 하늘에 높이 떠 있다. 전갈자리의 안타레스는 붉은빛을 발하면서 남동쪽에서 떠오른다. 백조자리의 데네브는 하얗게 빛나면서 북동쪽에서 떠오른다. 푸른빛이 도는 흰 별인 사자자리의 레굴루스는 남서쪽에 높이 떠 있다. 북위 30도 아래 지역에서는 켄타우루스자리의 알파·베타 켄타우리가 남쪽에 가까운 동쪽에서 아주 낮게 뜨고 있으며, 남십자성의 아크룩스는 남쪽에 가까운 서쪽으로 지면서 훨씬 더 낮아지고 있다. '육식동물 코너'는 여전히 높은 곳에 있다(달력 지도 4 참고). 맑고 캄캄한 밤에는 앉거나 누워 머리 위에서 곱슬머리처럼 보이는 희미한 별무리인 머리털자리를 찾아보자. 은하수는 찾아봐야 소용없다. 너무 낮아서 보이지 않기 때문이다. 처녀자리 아래에 있는 까마귀자리도 찾아보자. 만약 대략 북위 25도 아래로 아주 먼 지역에 있다면 남쪽 지평선 위로 막 떠오르는 남십자성을 찾고, 켄타우루스자리와 이리자리도 한번 찾아보자.

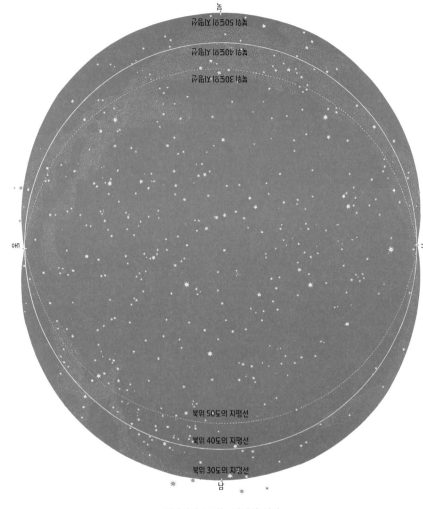

별자리가 보이는 날짜와 시간

5월 1일.....................오후 9~11시		2월 1일.....................오전 3~5시
5월 16일...................오후 8~10시		2월 15일...................오전 2~4시
6월 1일............................해 질 녘		3월 1일......................오전 1~3시
12월 16일..........................동틀 녘		3월 16일..............자정~오전 2시
1월 1일.....................오전 5~7시		4월 1일..........오후 11시~오전 1시
1월 16일...................오전 4~6시		4월 16일..............오후 10시~자정

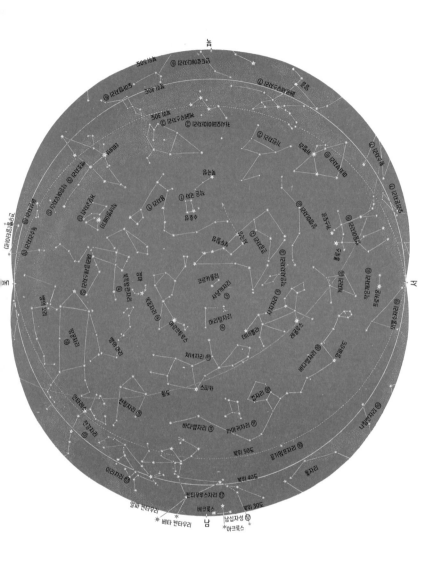

북

페르세우스자리 ⑳

카시오페이아자리 ㉑

안드로메다자리 ㉒

북위 50도

북위 40도

북위 30도

삼각형자리

양자리 ⑬

물고기자리 ⑫

고래자리

견우성

거문고자리

백조자리

돌고래자리

① 북쪽 왕관

북쪽왕관

① 북쪽 왕관

황소자리 ⑭

오리온자리 ⑮

작은개자리

큰개자리

동

쌍둥이자리 ⑯

게자리 ⑰

프로키온

베텔게우스

리겔

바다뱀자리 ⑲

사자자리

레굴루스

데네볼라

서

북두칠성

큰곰자리

목동자리

아르크투루스

사냥개자리

⑤

코르카롤리

머리털자리

④

처녀자리 ⑪

스피카

황도

작은곰자리

용자리

컵자리

바다뱀자리 ⑱

까마귀자리 ⑲

공기펌프자리 ⑳

북위 50도

북위 40도

북위 30도

별위 40도

별위 30도

헤르쿨레스자리

②

왕관자리 ③

천칭자리 ⑩

전갈자리 ⑨

이리자리 ⑪

센타우루스자리 ⑰

나침반자리 ⑯

돛자리

펌프자리

알파 켄타우루스

베타 켄타우루스

남

남십자성 ⑰

베크룩스

아크룩스

별의 밝기 등급

☀ ☆ ✰ ✦ ✶ ·
0   1   2   3   4   5

북위 40도 지역에서 보이는 1등성은 모두 여덟 개다. 밝기의 순서대로 이야기하겠다. 목동자리의 아르크투루스가 주황색으로 빛나면서 우리 머리 위의 남쪽에 있다. 푸른빛이 도는 흰 별인 거문고자리의 직녀별(베가)은 동쪽 하늘 중간쯤에 떠 있다. 노란빛이 도는 흰 별인 독수리자리의 견우별(알타이르)은 동쪽에서 떠오른다. 쌍둥이자리의 폴룩스는 노랗게 빛나면서 북서쪽으로 지고 있다. 처녀자리의 스피카는 푸른빛을 내면서 남쪽에 가까운 서쪽으로 내려간다. 전갈자리의 안타레스는 붉은빛을 발하면서 남쪽에 가까운 동쪽에서 낮게 올라오고 있다. 백조자리의 데네브는 하얗게 빛나면서 동쪽에 가까운 북쪽에서 떠오른다. 푸른빛이 도는 흰 별인 사자자리의 레굴루스는 서쪽으로 지고 있다. 북위 50도 근처 지역에서는 아직도 카펠라가 보인다. 카펠라는 북서쪽 지평선 위에 낮게 떠 있다. 북위 30도 아래 지역에 있다면 알파·베타 켄타우리를 찾아보자. 두 별은 남쪽에 가까운 서쪽 지평선 위에 낮게 떠 있다. 해 질 무렵 가장 먼저 보이는 별들은 여름을 알리는 아르크투루스와 직녀별(베가)이다(행성들이 없다면 그렇다. 행성 일정표 참고). 지금은 헤라클레스자리가 동쪽 하늘 높이 똑바로 서 있는 모습을 보기에 좋은 때다. 쐐기돌처럼 생긴 머리에서 헤라클레스 대성단을 찾아보자. 그 근처에 있는 매력적인 북쪽왕관자리도 쉽게 알아볼 수 있다. 직녀별(베가)과 데네브, 견우별(알타이르)이 만드는 '여름의 삼각형(Summer Triangle)'도 찾아보자. 견우별은 독수리 머리에서 일렬로 늘어선 세 별 중 가운데 있는 별이다(103쪽 참고). 전갈이 하늘로 올라오는 것을 지켜보면서 전갈 꼬리에 있는 고양이 눈을 놓치지 말길 바란다. 아주 먼 남쪽 지역에 있다면 아직 켄타우루스자리의 대부분을 볼 수 있다. 맑고 캄캄한 밤에는 동쪽 지평선 위에 걸린 은하수가 다시 시야에 들어올 것이다.

별자리가 보이는 날짜와 시간

6월 1일...................... 오후 9~11시	3월 1일....................... 오전 3~5시
6월 16일.................... 오후 8~10시	3월 16일..................... 오전 2~4시
7월 1일............................. 해 질 녘	4월 1일.........................오전 1~3시
1월 15일 ....동틀 녘	4월 16일............... 자정~오전 2시
2월 1일.....................오전 5~7시	5월 1일..........오후 11시~오전 1시
2월 15일....................오전 4~6시	5월 16일...............오후 10시~자정

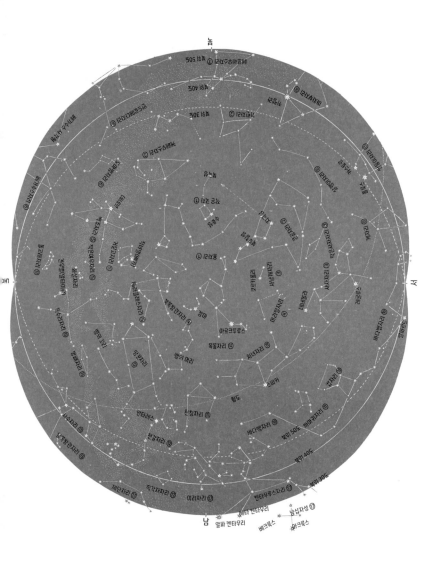

별의 밝기 등급

☼ ✲ ✦ ✴ ✴ ·
0 1 2 3 4 5

별자리 달력 지도 7

북위 40도 지역에서 보이는 1등성은 여섯 개뿐이다. 밝기의 순서대로 이야기하겠다. 주황색 별인 목동자리의 아르크투루스가 서쪽에 가까운 남쪽 하늘 높은 곳에서 내려온다. 거문고자리의 직녀별(베가)은 푸른빛을 내면서 우리 머리 위에 떠 있다. 해가 지면 (행성을 제외하고) 가장 먼저 보이는 별이다. 노란빛이 도는 흰 별인 독수리자리의 견우별(알타이르)은 남동쪽에서 높이 올라오고 있다. 붉은빛을 발하는 전갈자리의 안타레스는 남쪽 하늘에서 자체 기준으로 거의 최고 높이에 떠 있다. 처녀자리의 스피카는 푸른빛을 내면서 남서쪽으로 내려가고 있다. 백조자리의 데네브는 하얗게 빛나면서 동쪽에 높이 떠 있다. 만약 미국의 알래스카주나 캐나다의 유콘 준주 같은 북쪽 지역에 있다면 노란별 카펠라가 북쪽 하늘에 아주 낮게 떠 있는 것을 볼지도 모른다. 해가 지고 가장 먼저 보이는 별은 우리 머리 위에 있는 직녀별(베가)이다(행성들이 없다면 그렇다. 행성 일정표 참고). 남동쪽 지평선 위로 떠오르는 사수자리가 시야에 잘 들어온다. 전갈 꼬리에 있는 고양이 눈도 찾아본다. 남쪽에서 전갈자리 위로 높이 서 있는 땅꾼자리가 하늘을 넓게 차지하고 있다. 뱀을 포함해 전체 별자리 형상을 찾아낸다면 더할 나위 없이 좋다. 동쪽 하늘 중간쯤에는 은하수가 높이 걸려 있다. 은하수 안에는 우리 머리 위쪽에 백조자리가 있고, 남쪽으로 조금 더 낮은 곳에는 독수리자리가 있다. 독수리 머리(별 세 개가 일렬로 늘어선 부분) 부근에서 화살자리를 찾고, 은하수 바로 바깥에서 작지만 매력적이고 한 번 보면 잊을 수 없는 돌고래자리도 찾아보자. 직녀별과 데네브, 견우별은 항해자의 지표가 되는 '여름의 삼각형'을 만든다.

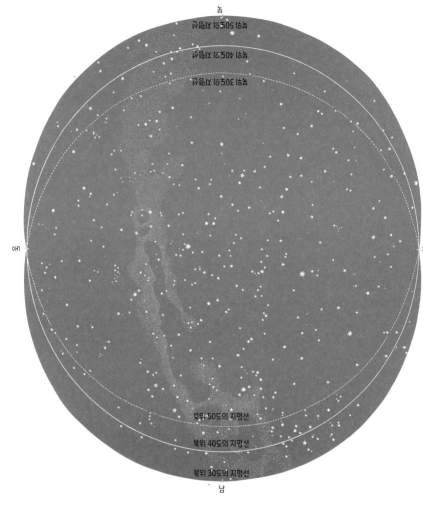

북

북위 50도의 지평선

북위 40도의 지평선

북위 30도의 지평선

서

동

북위 50도의 지평선

북위 40도의 지평선

북위 30도의 지평선

남

별자리가 보이는 날짜와 시간

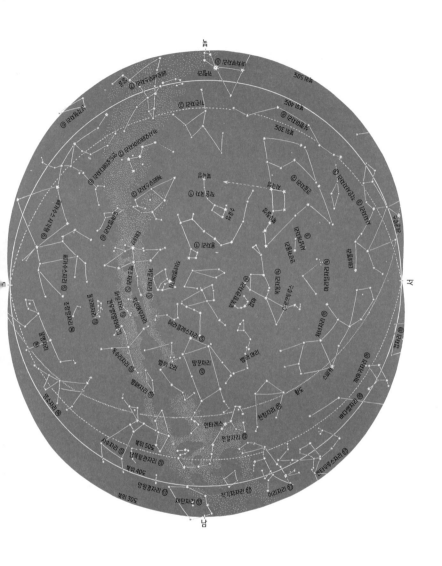

별의 밝기 등급

☆ ☆ ☆ ★ ⋆ ·
0   1   2   3   4   5

별자리 달력 지도 8

북위 40도 지역에서 보이는 1등성은 여섯 개뿐이다. 밝기의 순서대로 이야기하겠다. 목동자리의 아르크투루스가 주황색으로 빛나면서 서쪽으로 내려가고 있다. 푸른빛이 도는 흰 별인 거문고자리의 직녀별(베가)은 우리 머리 위에 떠 있다. 해가 지면 행성을 제외하고 가장 먼저 보이는 별이다. 노란빛이 도는 흰 별인 독수리자리의 견우별(알타이르)은 남쪽 하늘에 높이 떠 있다. 전갈자리의 안타레스는 붉은빛을 발하면서 남서쪽으로 진다. 남쪽 물고기자리의 포말하우트는 하얗게 빛나면서 남동쪽에서 떠오른다. 백조자리의 데네브도 하얗게 빛나면서 우리 머리 위에 떠 있다. 북쪽에 가까운 동쪽 지평선을 지켜보면서 카펠라가 뜨는 모습은 꼭 봐야 한다. 밝은 별이 뜨는 광경을 바라보는 일은 언제나 보람 있다. 하지만 그러려면 어디서 볼 수 있는지를 알아야 한다. 북위 45도 위의 지역에서는 카펠라가 떠오르는 광경을 놓치겠지만 지평선 위에 계속 남아 있는 카펠라는 볼 수 있다. 정남쪽 하늘에서는 사수자리 최고의 모습을 볼 수 있다. 다만 사수의 옷자락과 발은 지상의 먼지나 안개에 가려질 수 있고 그 옆의 남쪽왕관자리도 그럴 가능성이 있지만 아주 먼 남쪽 지역에서는 모두 볼 수 있다. 전갈자리와 함께 그 꼬리에 있는 고양이 눈도 마지막으로 봐두자. 북두칠성이 아래로 이동하고 카시오페이아자리가 올라오면 왕비 일행이 보이기 시작한다. 북동쪽에서는 페르세우스자리가 떠오르고, 동쪽 지평선 위에는 페가수스 사각형과 함께 안드로메다자리와 페가수스자리가 떠 있다. 관찰 조건이 좋으면 안드로메다은하도 볼 수 있다. 270만 광년 떨어진 안드로메다은하는 우리가 육안으로 볼 수 있는 가장 먼 대상이다. 여름의 삼각형(달력 지도 7 참고)은 여전히 우리 머리 위에 있지만, 남동쪽에서 뜨는 염소자리와 함께 '물'과 관련된 별자리들인 물병자리, 물고기자리, 남쪽물고기자리가 가을을 예고한다.

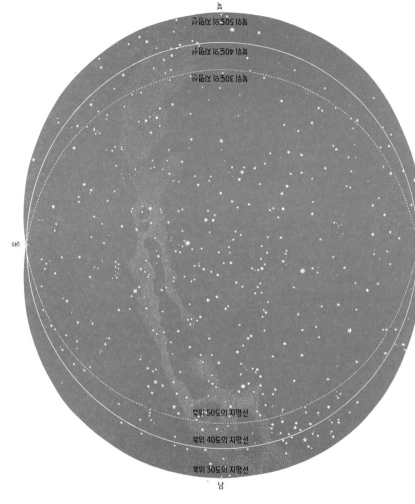

별자리가 보이는 날짜와 시간

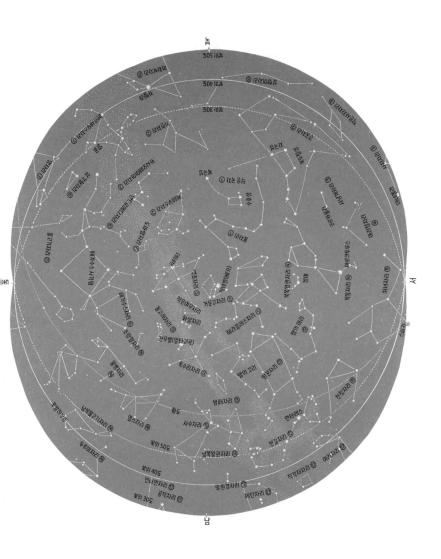

별의 밝기 등급

� 0 ☆ 1 ☆ 2 ✴ 3 ✴ 4 · 5

북위 40도 지역에서 보이는 1등성은 여섯 개뿐이다. 밝기의 순서대로 이야기하겠다. 주황색 별인 목동자리의 아르크투루스가 서쪽에 가까운 북쪽으로 지고 있다. 푸른빛이 도는 흰 별인 거문고자리의 직녀별(베가)은 천정 서쪽에 떠 있다. 해가 지면 가장 먼저 보이는 별이다(가장 밝게 빛나는 행성들을 제외하면 그렇다. 행성 일정표 참고). 마차부자리의 카펠라는 노랗게 빛나면서 북동쪽에서 올라오고 있다. 노란빛이 도는 흰 별인 독수리자리의 견우별(알타이르)은 남쪽 하늘에 높이 떠 있다. 남쪽물고기자리의 포말하우트는 하얗게 빛나면서 남쪽에 가까운 동쪽에서 떠오른다. 백조자리의 데네브는 천정 가까이에 떠 있다. 해가 지고 나서 포말하우트가 보이면 가을이 왔다는 뜻이다. 이제 하늘에서 더 넓어진 '물이 많은 지역'이 시야에 들어온다. 그곳에는 물병자리(자체 최고 높이로 떠 있다), 남쪽물고기자리(포말하우트만 보이고 나머지 별들은 너무 어두워서 지상의 먼지나 안개를 뚫지 못한다), 물고기자리 그리고 남동쪽에 낮게 떠서 코를 치켜든 고래자리가 있다. 물병자리 아래에는 염소자리가 자체 기준으로 최고 높이에 떠 있는데 찾아내기도 쉽지 않은 데다 그리 밝지도 않다. 밖으로 미리 나가서 동쪽에 가까운 북쪽에서 플레이아데스성단이 떠오르는 것을 지켜보자. 참으로 매혹적인 광경이니 놓치지 말길 바란다. 한 시간쯤 지나면 알데바란과 히아데스성단도 보일 것이다. 여름의 삼각형은 아직도 우리 머리 위에 있다. 삼각형을 이루는 별들이 있는 백조자리와 독수리자리는 은하수의 가장 밝은 부분에서 서로를 향해 날아간다. 이때는 그냥 드러누울 만하니 발을 남서쪽으로 두고 누워서 하늘을 정면으로 바라보자. 백조자리 근처의 은하수에 있는 짙은 얼룩은 구멍들이 아니라 우주의 거대한 먼지구름들이다. 이른바 '석탄자루 성운'으로, 뒤에 있는 별들을 가리고 있다. 이제 일어나 안드로메다은하도 한번 찾아보자.

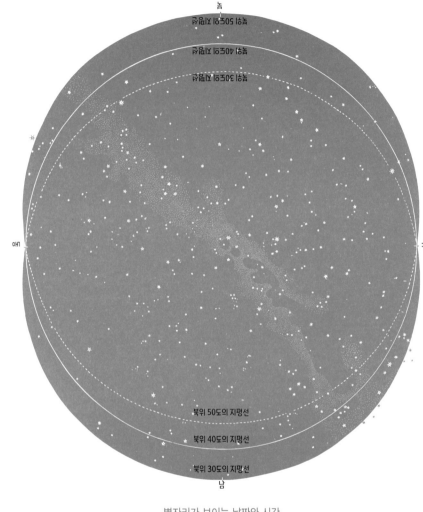

북쪽 50도의 지평선
북위 40도의 지평선
북위 30도의 지평선

북

서

동

북위 50도의 지평선
북위 40도의 지평선
북위 30도의 지평선

남

별자리가 보이는 날짜와 시간

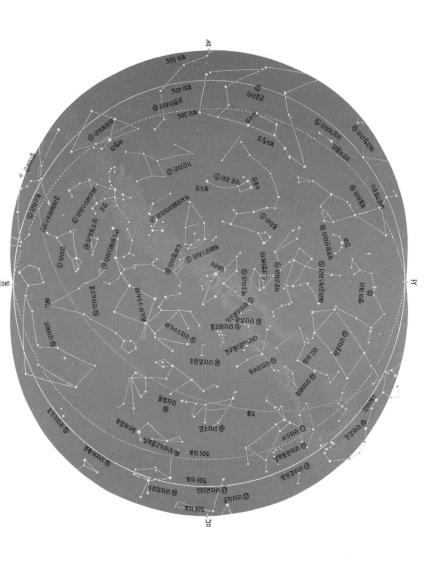

북

북위 50도

북위 40도

북위 30도

동

서

남

북위 40도 지역에서 보이는 1등성은 여섯 개뿐이다. 밝기의 순서대로 이야기하겠다. 푸른빛이 도는 흰 별인 거문고자리의 직녀별(베가)은 아직 서쪽 하늘에 높이 떠 있지만 아래로 내려가는 중이다. 해가 지면 가장 먼저 보이는 별이다(더 밝은 행성이 없다면 그렇다. 행성 일정표 참고). 마차부자리의 카펠라는 노랗게 빛나면서 북동쪽에서 올라오고 있다. 노란빛이 도는 흰 별인 독수리자리의 견우별(알타이르)은 여전히 남서쪽에 높이 떠 있지만 아래로 내려가고 있다. 황소자리의 알데바란이 동쪽 하늘에서 떠오른다. 남쪽물고기자리의 포말하우트는 하얗게 빛나면서 정남쪽에 떠 있다. 백조자리의 데네브도 하얗게 빛나면서 우리 머리 위에 있는데 서쪽으로 이동하고 있다. 여름의 삼각형(직녀별 – 데네브 – 견우별)은 아직 서쪽에 높이 떠 있지만 곧 사라질 것이다. '물이 많은 지역'은 가을이 왔다는 지표다. 그곳에는 물병자리, 남쪽물고기자리(먼 남쪽 지역으로 가지 않으면 밝은 포말하우트만 보이고 나머지 별들은 보이지 않는다), 물고기자리, 고래자리, 강처럼 굽이쳐 흐르는 에리다누스자리가 있다. 천정 근처에는 페가수스자리와 페가수스 사각형, 안드로메다자리가 있다. 날씨가 너무 춥지 않으면 앉아서 우리와 270만 광년 떨어진 이웃 은하인 안드로메다은하를 보자. 북극성에서 출발해 카시오페이아자리의 M 모양에서 첫 번째 별을 거쳐 페가수스 사각형의 동쪽 면을 따라 내려가다가 고래의 코끝을 지나 계속 내려가면 그 선은 대략 하늘의 그리니치 경도가 되는 0시 시간권을 나타낸다. 그리고 지도에서 그 가상의 선 오른쪽과 황도가 만나는 곳에 표시된 소문자 v는 춘분점이다(234쪽과 246쪽 참고). 동쪽 하늘에서 알데바란 위에 있는 플레이아데스성운도 놓치지 말자.

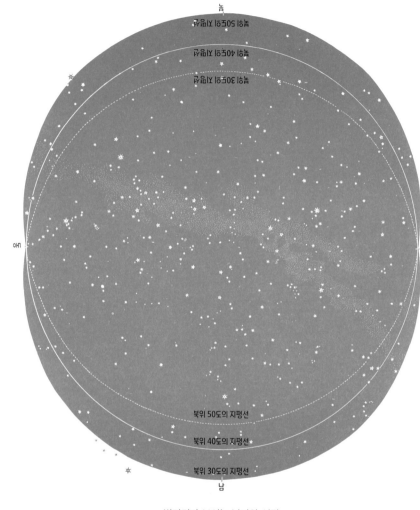

북

북위 50도의 지평선

북위 40도의 지평선

북위 30도의 지평선

서

동

북위 50도의 지평선

북위 40도의 지평선

북위 30도의 지평선

남

별자리가 보이는 날짜와 시간

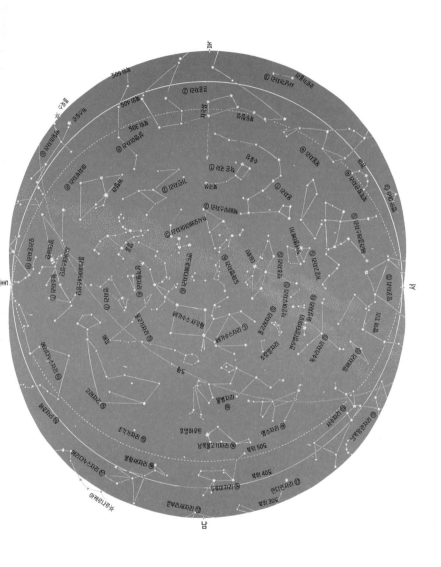

별의 밝기 등급

☆ ☆ ☆ ✦ ✦ ·
0　1　2　3　4　5

북위 40도 지역에서 보이는 1등성은 모두 아홉 개다. 밝기의 순
서대로 이야기하겠다. 푸른빛이 도는 흰 별인 거문고자리의 직
녀별(베가)은 북서쪽으로 내려간다. 해가 지면 가장 먼저 보이는
별이다(황도 근처에 있을 수 있는 행성들을 제외하면 말이다. 행성 일
정표 참고). 마차부자리의 카펠라는 노랗게 빛나면서 북동쪽에
서 올라온다. 푸른빛이 도는 흰 별인 오리온자리의 리겔은 동쪽
에 가까운 남쪽에서 떠오른다. 노란빛이 도는 흰 별인 독수리자
리의 견우별(알타이르)은 서쪽으로 지고 있다. 오리온자리의 베
텔게우스는 붉은빛을 발하면서 동쪽에서 떠오른다. 황소자리의
알데바란은 주황색으로 빛나면서 베텔게우스 위에 떠 있다. 쌍
둥이자리의 폴룩스는 노랗게 빛나면서 동쪽에 가까운 북쪽에서
떠오른다. 남쪽물고기자리의 포말하우트는 하얗게 빛나면서 남
서쪽으로 지고 있다. 백조자리의 데네브는 서쪽에 가까운 북쪽
으로 내려간다. 대략 북위 30도 지역에서는 에리다누스자리의
아케르나르가 푸른빛을 내면서 남쪽 지평선 위로 막 뜨고 있다.
'물이 많은 지역'의 흐린 별자리들이 남쪽 하늘을 거의 다 차지했
다. 바로 물병자리, 남쪽물고기자리, 고래자리, 물고기자리 그리
고 강처럼 굽이쳐 흐르는 에리다누스자리다. 반면에 많은 밝은

별들이 은하수를 따라 대열을 지어 동쪽에서 서쪽으로 건너가고 있으며 더 많은 별들이 여기에 합류할 것이다. 동쪽에 가까운 북쪽의 지평선을 지켜보며 프로키온이 떠오르는 것을 보자. 40분쯤 지나면 모든 별 중에 가장 밝은 시리우스가 모습을 드러낼 것이다. 만약 케페우스자리와 도마뱀자리를 찾아본 적이 없다면 지금 한번 북서쪽 높은 곳에서 시도해보자. 비록 만만치 않은 일이지만 말이다. 더운 밤의 선물이었던 여름의 삼각형은 빠르게 지고 있다. 의자에 앉아 페가수스자리와 안드로메다자리를 관찰해보자. 그 유명한 안드로메다은하가 지금 천정에 매우 근접해 있다. 아울러 양자리와 물고기자리도 한번 찾아보자. 페가수스 사각형의 남쪽에 자리 잡은 도다리 모양의 북쪽물고기, 일명 작은 고리나 서쪽물고기는 쉽게 발견할 수 있다. 동쪽 하늘에 높이 떠 있는 플레이아데스성단도 놓치지 말자.

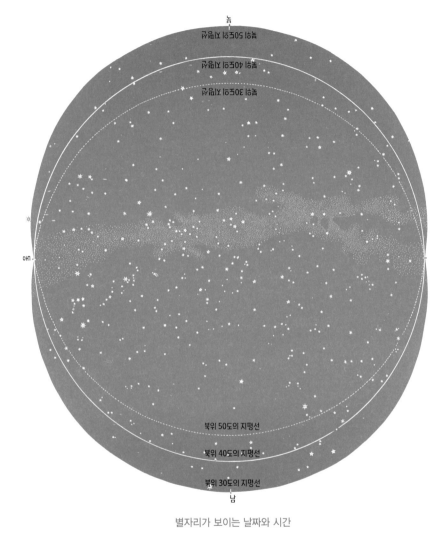

북극

북위 50도의 지평선

북위 40도의 지평선

북위 30도의 지평선

서

동

북위 50도의 지평선

북위 40도의 지평선

북위 30도의 지평선

남

별자리가 보이는 날짜와 시간

11월 1일 .... 오후 9~11시	8월 1일 .... 동틀 녘
11월 16일 .... 오후 8~10시	8월 16일 .... 오전 2~4시
12월 1일 .... 오후 7~9시	9월 1일 .... 오전 1~3시
12월 16일 .... 오후 6~8시	9월 16일 .... 자정~오전 2시
1월 1일 .... 오후 5~7시	10월 1일 .... 오후 11시~오전 1시
1월 16일 .... 해 질 녘	10월 16일 ....오후 10시~자정

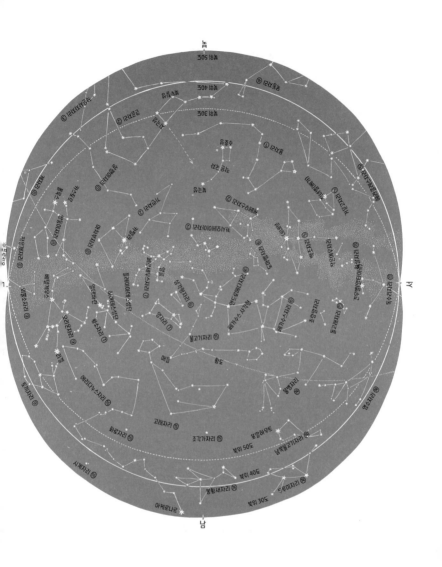

별의 밝기 등급

☼ ☆ ☆ ✦ ✦ ·
0 1 2 3 4 5

별자리 달력 지도 12

북위 40도 지역에서 보이는 1등성은 모두 아홉 개다. 밝기의 순서대로 이야기하겠다. 모든 별 중에 가장 밝은 큰개자리의 시리우스가 남동쪽에서 떠오른다. 시리우스는 해가 지면 가장 먼저 보이는 별이다(황도 근처의 행성들을 제외하면 그렇다. 행성 일정표 참고). 북서쪽에 낮게 떠 있는 거문고자리의 직녀별(베가)은 지고 있다. 마차부자리의 카펠라는 노랗게 빛나면서 우리 머리 위에 떠 있다. 푸른빛이 도는 흰 별인 오리온자리의 리겔은 남동쪽에서 올라온다. 노란빛이 도는 흰 별인 작은개자리의 프로키온은 동쪽에 가까운 남쪽에서 떠오른다. 오리온자리의 베텔게우스는 붉은빛을 발하면서 남동쪽에서 올라온다. 황소자리의 알데바란은 남동쪽에 높이 떠 있다. 쌍둥이자리의 폴룩스는 노란빛을 내면서 동쪽에 가까운 북쪽에서 올라온다. 백조자리의 데네브는 하얗게 빛나면서 북서쪽으로 내려간다. 북위 50도 지역에서는 사자자리의 레굴루스가 동쪽에 가까운 북쪽에서 곧 뜨려고 한다. 북위 30도 지역에서는 에리다누스자리의 아케르나르가 남쪽에 가까운 서쪽에 아주 낮게 떠 있다. 북위 25도 지역에서는 노인성(카노푸스)이 남동쪽에서 아주 낮게 떠오르고 있다. '물이 많은 지역'의 별자리들은 다소 흐릿하고 남쪽 하늘 대부분을 차지하고 있다. 반면에 동쪽 하늘은 밝은 별들로 가득하다. 스무 개의 1등성 가운데 일곱 개는 지도에 표시된 대로 대육각형을 이룬다. 시리우스, 프로키온, 폴룩스, 카펠라, 알데바란, 리겔이 꼭짓점이 되고 베텔게우스는 육각형 안에 있다. 만약 별자리 사냥을 해보고 싶다면 고래의 큰 형상이나 황소의 전체 형상을 한 번 추적해보자. 혹시 쌍안경이 있다면 플레이아데스성단과 히아데스성단, 안드로메다은하도 찾아보자. 플레이아데스성단은 알데바란 오른쪽에 있는 V 모양의 별무리이고, 안드로메다은하는 우리 머리 위에 있다. 하늘을 올려다보거나 쌍안경을 계속 들고 있기에는 앉은 자세가 더 편하다. 동쪽 지평선에서 레굴루스가 뜨는 모습도 지켜보자.

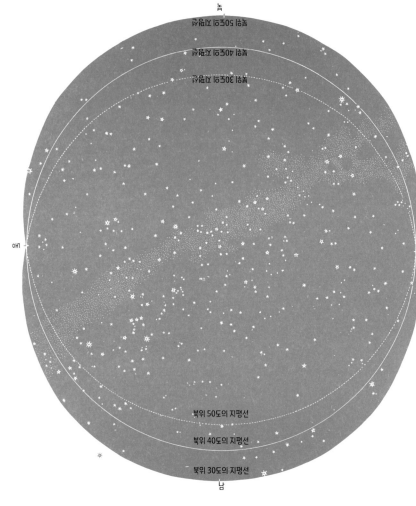

별자리가 보이는 날짜와 시간

12월 1일 .... 오후 9~11시	9월 1일 .... 오전 3~5시
12월 16일 .... 오후 8~10시	9월 16일 .... 오전 2~4시
1월 1일 .... 오후 7~9시	10월 1일 .... 오전 1~3시
1월 16일 .... 오후 6~8시	10월 16일 .... 자정~오전 2시
2월 1일 .... 해 질 녘	11월 1일 .... 오후 11시~오전 1시
8월 16일 .... 동틀 녘	11월 16일 .... 오후 10시~자정

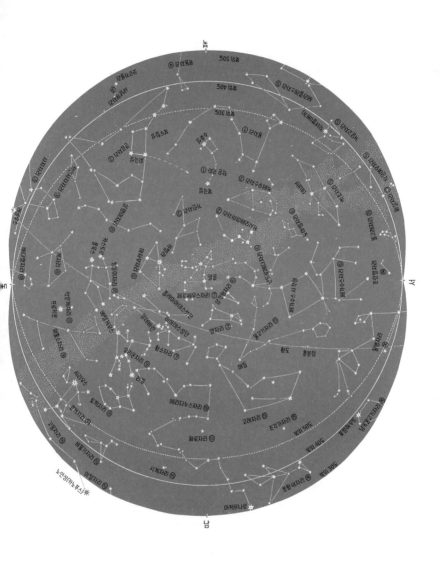

별의 밝기 등급

☀ ☆ ✦ ✳ ✶ ·
0 1 2 3 4 5

별자리 달력 지도 13

북위 50∼70도 지역에서 보이는 밤하늘

아래에 나오는 일정표에서 관찰 날짜와 시간을 고른다.

예: 12월 5일 오후 10시에 밤하늘을 관찰하려고 한다. 이때 가장 가까운 날짜와 시간은 일정표 D에 있는 12월 1일 오후 8시이고, 별자리 지도 D가 관찰하려는 밤하늘에 가장 가까운 모습을 보여준다. 하지만 10시 무렵에는 지도 D의 가장 서쪽 부분에 보이는 별들은 이미 지고, 지도 A의 가운데 부분에 보이는 별들이 일부 떠올랐으리라는 점을 염두에 둔다.

이 별자리 달력 지도는 미국의 알래스카와 캐나다의 대부분 지역을 비롯해 동반구에 있는 영국, 네덜란드, 벨기에, 독일 북부, 스칸디나비아 국가들, 폴란드, 러시아 등지에서 보이는 밤하늘이다. 이 구역에는 3억 5천만 명가량의 사람들이 살고 있다. 북쪽으로 멀리 갈수록 계절에 따라 밤하늘에서 보이는 변화는 줄어든다(북극은 변화가 전혀 없는 반면, 적도는 변화가 가장 심하다). 6월 중순부터 7월 초까지는 이 구역의 남부에서도 밤이 완전히 어둡지 않다(실제로 북위 48.5도 이상의 지역이 다 그렇다). 따라서 이 시기에는 오로지 가장 밝은 별들만 볼 수 있다. 이때 북극권(북위 66.5도)의 북쪽에서는 한밤중에도 태양이 보이는 백야 현상이 있다. 알다시피 북극에서는 봄과 여름 동안은 해가

지지 않지만 초가을부터 늦겨울까지는 내내 밤이 지속된다. 북위 55도 아래 지역은 별자리 달력 지도 1~12를 여전히 사용할 수 있지만 그보다 먼 북쪽 지역에서는 이 지도만 사용하거나 아니면 지도 1~12를 함께 활용해야 한다.

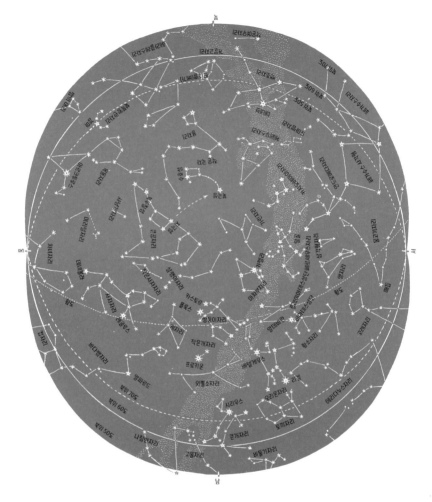

A

1월 1일	자정	10월 1일	오전 6시
1월 16일	오후 11시	10월 16일	오전 5시
2월 1일	오후 10시	11월 1일	오전 4시
2월 15일	오후 9시	11월 16일	오전 3시
3월 1일	오후 8시	12월 1일	오전 2시
3월 16일	오후 7시	12월 16일	오전 1시

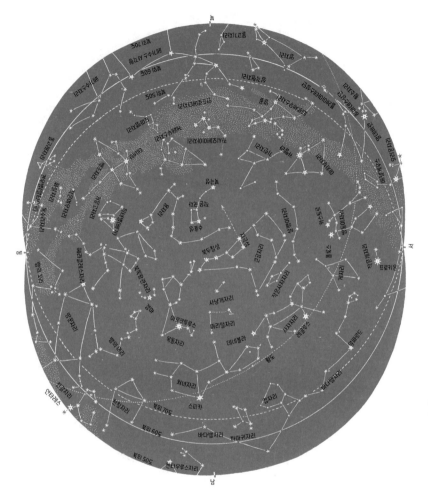

B

4월 1일	자정	1월 1일	오전 6시
4월 16일	오후 11시	1월 16일	오전 5시
5월 1일	오후 10시	2월 1일	오전 4시
5월 16일	오후 9시	2월 15일	오전 3시
6월 1일	오후 8시	3월 1일	오전 2시
6월 16일	오후 7시	3월 16일	오전 1시

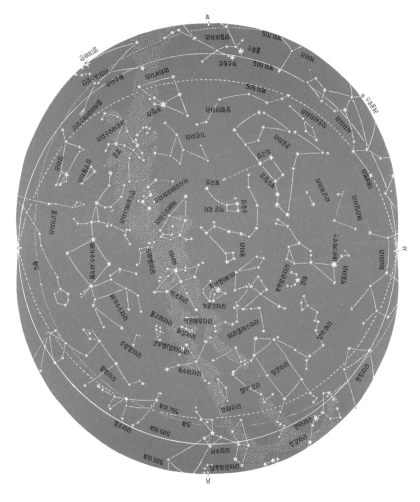

C

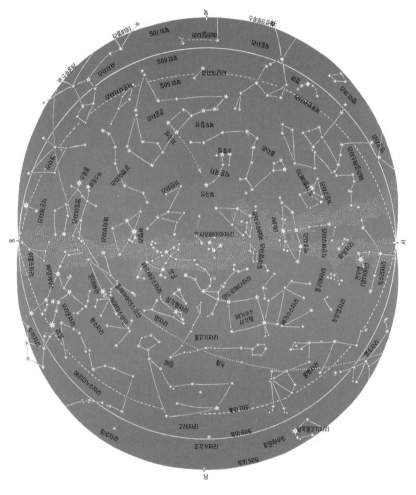

D

별자리 달력 지도 14

북위 10~30도 지역에서 보이는 밤하늘

아래에 나오는 일정표에서 관찰 날짜와 시간을 고른다.

예: 12월 5일 오후 10시에 밤하늘을 관찰하려고 한다. 이때 가장 가까운 날짜와 시간은 일정표 D에 있는 12월 1일 오후 8시이고, 별자리 지도 D가 관찰하려는 밤하늘에 가장 가까운 모습을 보여준다. 하지만 10시 무렵에는 지도 D의 가장 서쪽 부분에 보이는 별들은 이미 지고, 지도 A의 가운데 부분에 보이는 별들이 일부 떠올랐으리라는 점을 염두에 둔다.

이 별자리 달력 지도는 플로리다 남부, 멕시코, 중앙아메리카의 대부분 지역, 카리브해 섬들, 하와이에서 보이는 밤하늘이다. 그 동쪽으로는 모로코부터 기니만(아프리카 중서부에 있는 큰 만 - 옮긴이), 이집트, 수단까지 아우르는 북아프리카의 대부분 지역, 아라비아반도, 인도, 파키스탄 그리고 중국 남부를 포함한 동남아시아, 필리핀 북부가 해당된다. 이 구역은 지구상에서 인구가 가장 많은 곳으로, 약 10억 명의 잠재적 별 보기 인구가 살고 있다. 이 구역의 최남단에서는 이따금 남쪽 지평선 위로 낮게 떠 있는 최남단 별자리들이 거의 다 시야에 들어오기도 한다. 북위 25~29도 지역에서는 이 별자리 달력 지도와 더불어 지도 1~12를 함께 활용해야 한다. 별자리 달력 지도 1~12에는 1등성이 전부 나오며, 미국의 대부분 지역, 캐나다 일부 지역, 북위 55도 아래로 포르투갈에서부터 카스피해까지 이르는 유럽 국가들, 중동 그리고 중국 북부와 일본까지 포함된다. 이 구역의 총인구는 8억 명이 넘는다.

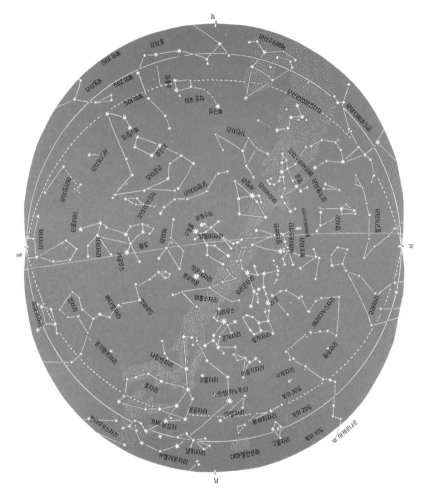

A

1월 1일	자정	4월 1일	오전 6시
1월 16일	오후 11시	10월 16일	오전 5시
2월 1일	오후 10시	11월 1일	오전 4시
2월 15일	오후 9시	11월 16일	오전 3시
3월 1일	오후 8시	12월 1일	오전 2시
3월 16일	오후 7시	12월 16일	오전 1시

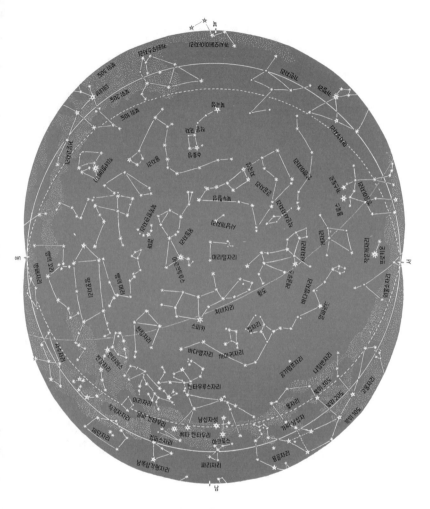

B

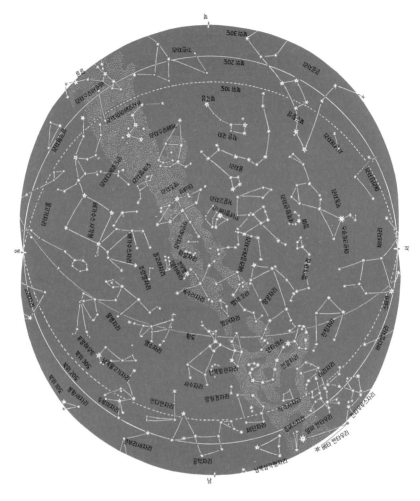

C

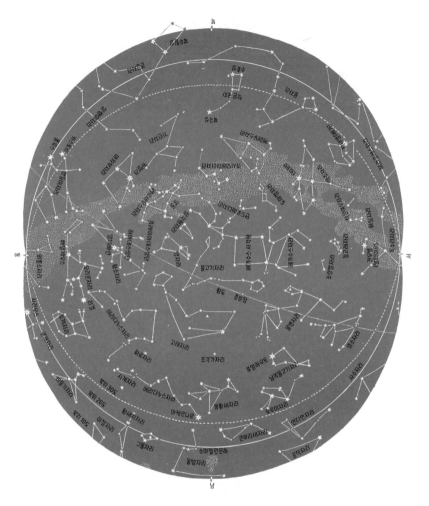

D

별자리 달력 지도 15

북위 10도~남위 10도 지역에서 보이는 밤하늘
아래에 나오는 일정표에서 관찰 날짜와 시간을 고른다.

예: 12월 5일 오후 10시에 밤하늘을 관찰하려고 한다. 이때 가장 가까운 날짜와 시간은 일정표 D에 있는 12월 1일 오후 8시이고, 별자리 지도 D가 관찰하려는 밤하늘에 가장 가까운 모습을 보여준다. 하지만 10시 무렵에는 지도 D의 가장 서쪽 부분에 보이는 별들은 이미 지고, 지도 A의 가운데 부분에 보이는 별들이 일부 떠올랐으리라는 점을 염두에 둔다.

이 별자리 달력 지도는 모든 적도 지역에서 보이는 밤하늘이다. 서반구에서는 페루 북부, 파나마, 콜롬비아, 베네수엘라, 기아나(남아메리카 북동부 해안 지역 – 옮긴이), 브라질 북부가 포함되고, 동반구에서는 가나와 나이지리아에서부터 스리랑카, 말레이시아, 인도네시아, 필리핀 남부, 파푸아뉴기니를 거쳐 에콰도르 연안의 갈라파고스 제도까지 아우른다. 이 구역에는 약 1억 5천만 명의 사람들이 사는데, 별과 관련해서는 행운아들이다. 여기서는 가끔 천구의 북극과 남극이 지평선상이나 그 근처에 있으면 모든 별자리들을 볼 수 있기 때문이다(243쪽 그림 18 참고). 밤의 길이가 거의 변동이 없어(북위 10도나 남위 10도 지역에서는 40분 정도 차이가 나지만 적도에서는 실제로 전혀 차이가 없다), 백야 때문에 관찰하는 데 방해받을 일이 아예 없다. 다만 적도 아래의 남반구에서는 계절이 반대라는 점을 주의하자. 그곳에서는 봄이 9월 23일경부터 시작되고 12월 21일경부터는 여름이 이어진다.

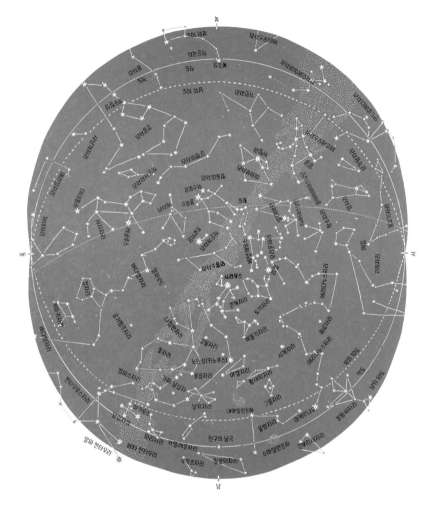

A

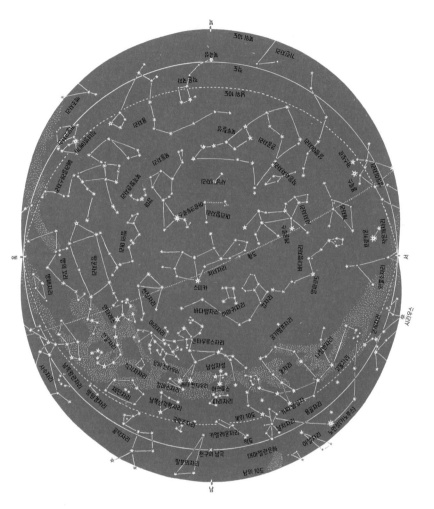

B

4월 1일	자정	1월 1일	오전 6시
4월 16일	오후 11시	1월 16일	오전 5시
5월 1일	오후 10시	2월 1일	오전 4시
5월 16일	오후 9시	2월 15일	오전 3시
6월 1일	오후 8시	3월 1일	오전 2시
12월 16일	오후 7시	3월 16일	오전 1시

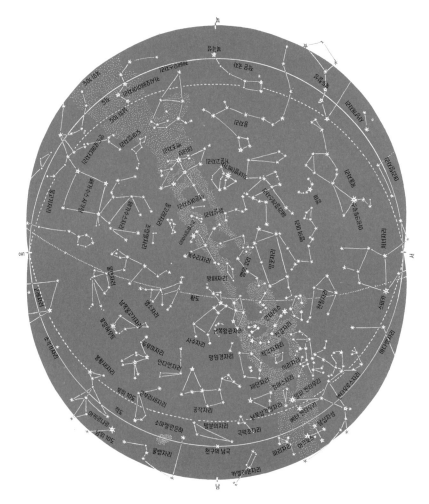

C

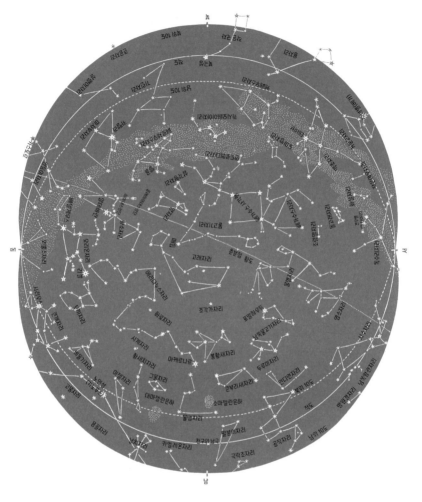

D

별자리 달력 지도 16

남위 10도~30도 지역에서 보이는 밤하늘

아래에 나오는 일정표에서 관찰 날짜와 시간을 고른다.

예: 12월 5일 오후 10시에 밤하늘을 관찰하려고 한다. 이때 가장 가까운 날짜와 시간은 일정표 D에 있는 12월 1일 오후 8시이고, 별자리 지도 D가 관찰하려는 밤하늘에 가장 가까운 모습을 보여준다. 하지만 10시 무렵에는 지도 D의 가장 서쪽 부분에 보이는 별들은 이미 지고, 지도 A의 가운데 부분에 보이는 별들이 일부 떠올랐으리라는 점을 염두에 둔다.

이 별자리 달력 지도는 서반구에서는 페루 남부, 칠레 북부, 브라질의 대부분 지역, 우루과이, 아르헨티나 북부를 포함하고, 동반구에서는 남아프리카에서부터 오스트레일리아의 대부분 지역, 뉴질랜드 북부까지 아우르는 곳에서 보이는 밤하늘이다. 이 구역에는 1억 명이 넘는 사람들이 사는데, 이들은 한 가지 면에서 운이 없다. 무슨 말인가 하면 북반구에 비해 별자리 모양이 거꾸로 뒤집혀 있을 때가 더 많다는 것이다. 이는 애초에 북반구에서 별을 관찰했던 사람들이 언젠가는 '남반구'에서도 별을 보는 사람들이 나올 수 있다는 것을 모르고 별자리 모양을 생각해냈기 때문이다. 다른 모든 별자리 지도에서처럼 여기서도 지평선에서 약간 아래에 있는 아주 밝은 별들이 하얀 지면에 표시되어 있다. 따라서 조금만 연습하면 뉴질랜드 남부와 남아메리카의 최남단 같은 먼 남쪽 지역에서도 이 지도들을 사용할 수 있다. 이 지역들보다 더 남쪽인 지역은 인간의 영구 거주지가 존재하지 않아 지도를 추가하지 않았다.

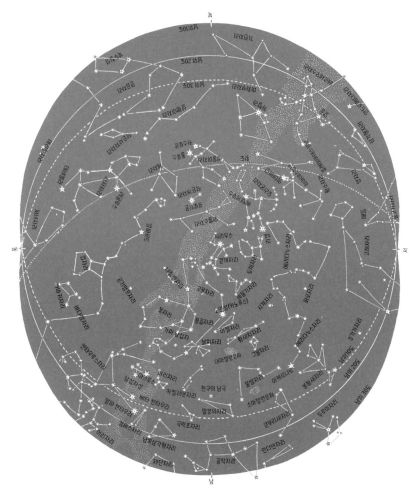

A

1월 1일	자정	4월 1일	오전 6시
1월 16일	오후 11시	10월 16일	오전 5시
2월 1일	오후 10시	11월 1일	오전 4시
2월 15일	오후 9시	11월 16일	오전 3시
3월 1일	오후 8시	12월 1일	오전 2시
3월 16일	오후 7시	12월 16일	오전 1시

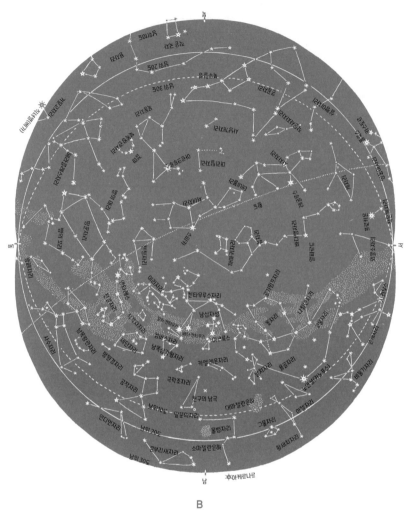

B

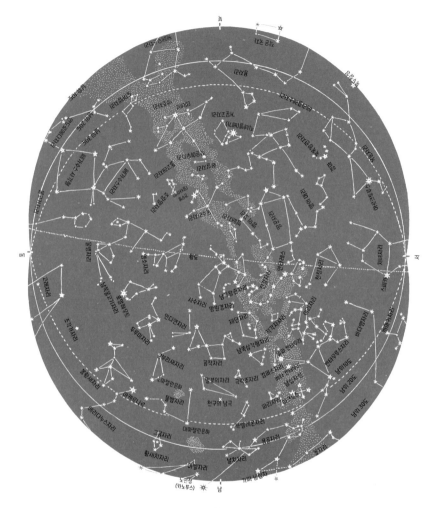

C

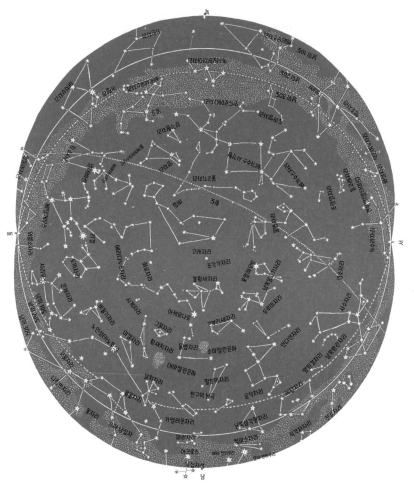

D

제4부

별, 그것이 더 알고 싶다

우리가 별을 말할 때
이야기 하는 것들

지금까지 별자리들과 그 모양, 별자리를 구성하는 별들 일부 그리고 1년 동안 밤 시간대에 따른 별자리 위치에 관해 두루 살펴봤다.

　내용을 대부분 숙지했다면 이제 별들을 편안하게 잘 볼 수 있을 것이다. 이게 우리의 주목적이었다. 이제 우리는 초반에 등장했던 고대 칼데아의 양치기와 동등한 관계 이상으로 대화할 수 있

정말이지, 지구는 공처럼 둥글게 생겼어요. 원반 모양이 아니랍니다!

고(우리가 양치기의 언어로 말할 수 있다는 가정 아래), 마음이 내키면 천상에 대한 우리의 뛰어난 지식으로 동시대인 대부분을 감동시킬 수도 있다.

사실 많은 이들이 이쯤에서 멈추길 원하고, 또한 충분히 그럴 수 있다. 그런데 미생물이든 은하수든 자연의 어떤 부분을 공부하든 시작은 있어도 끝은 절대 없다. 그런 공부는 평생의 과업 이상인 까닭에 우리는 대부분 다른 것들에 신경 쓰다가 가끔 어느 순간 후회하기도 한다.

하지만 어떤 이들은 좀 더 멀리 가고 싶어 한다. 그 주제가 흥미진진하고, 답을 거의 모르는 질문이 머릿속에 끊임없이 떠오르는 것이다. 그래서 설명이 더 필요한 용어들도 알아야 한다.

앞으로 이야기할 내용에는 그런 답과 설명을 포함하고 있지만, 이 책이 현장용이다 보니 우리는 그 한계 내에서 몇 가지 중요한 점만 끄집어내어 간략하게 다룰 수 있다. 그 과정에서 중복을 피해갈 수는 없다. 그러므로 꼭 필요한 상황에서만 중복을 범한다면 그 죄는 용서받을 수 있을 것이다.

이 책을 읽고 나서 좀 더 공부하고 싶은 사람들은 믿을 만한 자료를 구하려고 사서 고생하지 않아도 된다. 351쪽에 나오는 추천 도서 목록을 참고하면 되니까.

우리는 되도록 비전문적인 방법을 유지하겠지만(사실 비전문의 길은 멀고, 전문적인 용어와 공식이 지름길이다) 기울기나 각도, 대원(大圓), 궤도면 등의 개념이나 단위를 전혀 사용하지 않으면서 진도를 나아갈 수는 없다. 그럼 마지막 경고를 뒤로하고 이제 출발해보자!

하늘 모형 만들기 별들을 이해하는 데 '칼데아인의 수준'을 뛰어 넘고 싶다면 천체역학이라고 알려진 분야를 수박 겉핥기 식으로나마 조금씩 두루 알아야 한다. 그 지식에는 '겉으로 보이는' 하늘 전체의 움직임뿐 아니라 이런 겉보기 운동을 초래하는 '실제' 움직임인 지구의 자전과 공전도 포함된다. 아울러 자오선이나 천구의 적도, 적위(赤緯), 시간권, 황도, 항성시(恒星時) 같은 원리도 들어간다.

그런 설명은 이 모든 원리를 담은 단 하나의 도표로 끝낼 수도 있다. 그러면 저자에게는 쉬운 일이 되겠지만 많은 독자가 어려움을 느끼게 된다. 따라서 우리는 이제 하늘 모형을 구축함으로써 아주 간단한 것부터 시작하여 복잡한 것을 향해 단계별로 나아갈 것이다. 이 하늘 모형은 그저 임시방편이었던 34쪽의 우산보다 더 현실적인 천문관이다.

그럼 우리 눈에 보이는 것부터 간단히 시작해보자. 시야를 가로막는 게 없다면 지구는 평평한 원반으로 보인다. 이 원반의 경계가 바로 지평선이다. 우리는 정확히 그 중심에 있다(어디를 가든 우리는 항상 '우리가 있는 곳'의 지평선 한가운데에 있다). 위로는 하늘이 보인다. 하늘은 비어 있는 거대한 반구(半球)이고 그 가장

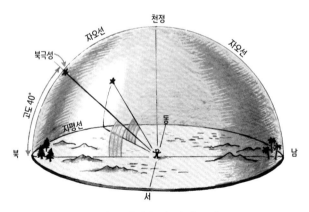

그림 10: 우리가 보는 밤하늘 – 반구

자리가 지평선에 놓여 있다.

그림 10은 이런 설정을 나타낸 하늘 모형이다. 원반 중심에는 아주 작은 관찰자가 한 명 있다. 이 하늘 모형 프로젝트를 진행하는 내내 자신이 그 관찰자의 입장에 있다 생각하고 그가 보는 것을 이미지로 떠올려보자.

먼저 이 모형이 북위 40도 지역에서 보이는 하늘을 나타낸다고 가정한 다음, 관찰자가 정북쪽 지평선에서 40도쯤* 위에 있는 북극성을 본다고 하자. 이때 지평선에서 별까지의 거리를 별의 '고도(Altitude)'라고 한다. 따라서 북극성은 고도 40도쯤에 있다. 이 그림에 있는 또 다른 별 하나의 고도는 대략 25도다. 별이 하늘을 가로지르며 이동할 때는, 아니 이동하는 것처럼 보일 때는 별의 고도가 변한다. 하지만 관찰자가 다른 '위도'로 이동하지 않는 한, 북극성의 고도는 거의 그대로 유지된다. 북극성, 아니 더 정확히 말해 천극의 고도는 관찰자의 위도와 항상 같다. 그 '이유'는 238쪽에서 알게 될 것이다.

관찰자가 지평선의 북점(north point)에서부터 천극과 천정을 지나 하늘 돔의 나머지 반쪽인 남반부로 내려와서 지평선의 남점(south point)까지 그릴 수 있는 (가상의) 선은 '자오선(Meridian)'

....

★ 북극성이 '정확히' 천구의 북극에 있다면 북위 40도에서 그 고도는 '정확히' 40도가 될 것이다. 북극성은 실제 천극에서 1도쯤 떨어져 있지만 현재 논증에서 이 작은 차이는 무시해도 된다.

이다. 이제 곧 알겠지만 자오선은 매우 중요한 선이다.

관찰자가 있는 지점부터 천극까지 이어지는 선은 축을 나타내며, 우리는 하늘이 그 축을 중심으로 도는 모형을 만들어야 한다. 그러면 관찰자는 자신이 보는 하늘이 동쪽에서 서쪽으로 회전하는 것을 볼 수 있다.

그런데 우리는 '반구'가 그렇게 회전하지 않으리라는 걸 금세 깨닫는다. 반구가 그 축을 중심으로 돈다고 설정할 경우 동쪽에는 틈이 생기고 서쪽에는 반구의 일부가 지평선 아래로 내려갈

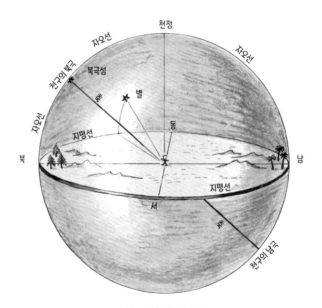

그림 11: 완전한 구의 하늘

것이기 때문이다.

이런 곤란한 문제는 반구 대신 '완전한 구(球)'를 이용하면 해결된다. 물론 그 안에 있는 관찰자에게는 천구의 위쪽 반구만 보인다. 나머지 반구는 관찰자가 딛고 서 있는 땅 아래, 즉 지평선 아래에 있다. 그럼 이제 원반 아래로 축을 연장해보자. 그 축은 관찰자가 서 있는 원반의 중심을 뚫고 천구의 아래쪽 반구를 지나 천구의 북극과 정확히 반대 지점에 닿는다. 그 지점이 바로 '천구의 남극'이다. 천구가 이 축을 중심으로 회전하는 동안 원반의 위치는 변하지 않은 채로 남아 있다. 관찰자가 볼 때 원반은 움직이지 않고 주변 하늘만 움직이는 것이다.

만약 별들이 천구에 붙어 있고 천구가 회전한다면 관찰자는 이 작은 모형 천문관의 중심에서 무엇을 보게 될까?

문제를 계속 살펴보기 위해 우리는 그림 10에서 본, 북동쪽 지평선에서 25도쯤에 떠 있던 별 하나를 고려할 것이다. 그림 12에서는 천구가 회전할 때 관찰자 눈에 비치는 별의 행로를 살펴보려고 한다.

알아두기 인류가 하늘을 완전한 구로 받아들이기까지는 꽤 오랜 시간이 걸렸다. 이런 생각을 처음 한 사람들은 그리스인들인 것 같다. 이제 우리가 앞지를 칼데아의 양치기 친구는 당시에 별은 물론이고 태양과 달, 행성도 우리 머리 위에 있는 아치형 천

장의 하늘을 가로질러 동에서 서로 이동한다고 생각했다. 그리고 그 천체들이 원반 모양인 지구의 평평한 아랫면을 기어서 되돌아갔다가 때가 되면 원반의 동쪽 가장자리에서 다시 떠오른다고 여겼다.

한편 천구는 지구와 같은 '진짜' 구가 아니라는 점을 명심해야 한다. 엄밀히 말하면 하늘 같은 것은 없고 허공을 배경으로 별들만 떠 있다. 하지만 천구는 임의의 가정도 아니고 착시 현상도 아니다. 우리는 실제로 언제나 비어 있는 천구의 반쪽을 본다. 그리고 나머지 반쪽은 보이지는 않지만 천구가 회전하는 것처럼 보일 때 시야에 들어온다. 그런데 천구의 크기는 길이나 넓이로 표현할 수 없다. 굳이 표현하자면 그 지름이 무한하고 규정되지 않는다고 말할 수 있다. 사실 그건 별로 중요하지 않다. 천구는 단단한 구체처럼 지름을 측정 단위로 사용하지 않는다. 대신 하늘에서의 거리는 각도로 측정한다. 이를테면 지평선에서 천정까지는 90도이고, 지평선을 한 바퀴 돌면 360도다. 그리고 표면적은 제곱도(square degree) 단위를 쓴다.

천구가 동에서 서로 천천히 회전할 때 그 안에 있는 관찰자는 별이 비스듬히 위로 이동하는 광경을 본다. 별이 가장 높이 떴을 때는 정확히 '자오선' 위에 있을 때이고, 자오선을 넘은 뒤에는 하늘의 서쪽 반구로 천천히 내려온다. 별은 위로 올라갈 때와 같은 기울기로 내려와, 말하자면 올라갈 때와 정반대로 서쪽 지평선 아래로 진다. 천구가 계속 회전하는 동안, 별은 지평선 아래로 이동하고 관찰자는 별이 동쪽 지평선 위로 뜰 때까지 그 별을 보지 못한다.

별이 뜨는 지점과 지는 지점은 지평선의 북점과 똑같은 거리로 떨어져 있다. 예컨대 별이 정확히 북동쪽에서 뜨면 정확히 북서쪽에서 지고, 동동남쪽에서 뜨면 서서남쪽에서 지며, 그 밖의

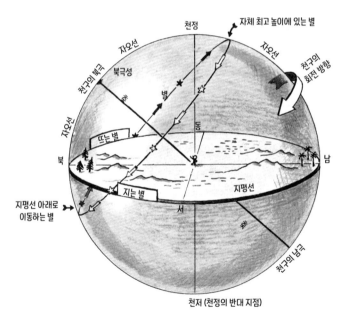

그림 12: 천구의 회전

방향들에서도 마찬가지다. 어느 별이든(태양과 달, 행성은 제외) 같은 지역에서 관찰하면 1년 내내 시기만 달라질 뿐 항상 같은 지점에서 뜨고 같은 지점으로 진다.

모든 별은 물론이고 태양, 달, 행성도 자오선을 넘어갈 때 자체로는 최고 높이에 이르는데 이를 '남중(南中)'이라고 한다. 태양이 자오선을 넘어갈 때는 '정오'가 된다(자오선을 의미하는 영어 'meridian'은 정오라는 뜻의 라틴어 'meridies'에서 유래되었다). 어느 정오부터 다음 정오까지의 평균 시간이 하루*다. 다시 말해 우리 모두가 살아가는 평범한 날이다. 하지만 천문학자에게는 그 시간이 하루일 뿐만 아니라 '태양일'이기도 하다[태양일을 의미하는 영어 'Solar Day(또는 Sun Day)' 역시 태양이라는 뜻의 라틴어 'sol'에서 왔다]. 아울러 천문학자에게는 '항성일'도 있다[항성일을 의미하는 영어 'Sidereal Day(또는 Star Day)'는 별이라는 뜻의 라틴어 'sidus'에서 왔다]. 항성일은 별이 한 번 남중하고 나서 다시 남중할 때까지 거의** 그사이의 시간이다. 겉보기에는 별이 자오선을

....

★　그러나 우리는 자정부터 자정까지를 하루로 계산한다. 그러지 않으면 정오마다 날짜가 바뀌어 화요일에 시작한 점심 식사가 수요일에 끝날 수도 있다.

★★　'거의'라고 말한 것은 '별'이 아니라 '춘분점'이 한 번 남중하고 나서 다시 남중할 때까지를 기준으로 항성일이 측정되기 때문이다(그림 19 참고). 춘분점은 고정되어 있지 않고 서서히 이동한다. 그 변화는 하루에 0.008초, 즉 2만 5천 년에 1일꼴로 아주 미미하며 지구 자전축의 '요동'에서 비롯된다. 그와 관련된 설명은 267쪽에 나온다.

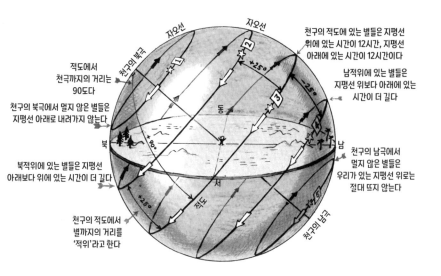

천구의 적도에 있는 별들은 지평선 위에 있는 시간이 12시간, 지평선 아래에 있는 시간이 12시간이다

남적위에 있는 별들은 지평선 위보다 아래에 있는 시간이 더 길다

적도에서 천극까지의 거리는 90도다

천구의 북극에서 멀지 않은 별들은 지평선 아래로 내려가지 않는다

북적위에 있는 별들은 지평선 아래보다 위에 있는 시간이 더 길다

천구의 적도에서 별까지의 거리를 '적위'라고 한다

천구의 남극에서 멀지 않은 별들은 우리가 있는 지평선 위로는 절대 뜨지 않는다

그림 13: 등적위선

한 번 지나고 다시 그 자오선을 지날 때까지 완전히 한 바퀴를 도는 것 같다. 하지만 실제로는 지구가 자전하는 것이고, 따라서 항성일은 별들과 관련된 지구의 실제 자전 주기인 셈이다.

항성일은 태양일보다 4분 정도 짧다(132쪽에서 언급한 그 4분이다). 그리고 항성일을 세분했을 때 나오는 항성시, 항성분, 항성초도 각각 태양시, 태양분, 태양초보다 그에 비례해서 짧다. 이 차이가 생기는 원인은 253~257쪽에서 살펴볼 것이다.

그럼 이제 회전하는 천구에 별을 몇 개 더 붙여보자. 천구의 북극에서 멀지 않은 곳에 별 1, 거기서 좀 더 떨어진 곳에 별 2, 천구의 북극과 남극 중간에 별 3, 천구의 북극보다 남극에 더 가까운 곳에 별 4, 천구의 남극에서 멀지 않은 곳에 별 5를 추가했다.

천구 안에 있는 관찰자는 '별 1'이 지평선 아래로는 절대 내려가지 않으면서 북극을 중심으로 회전하는 광경을 보게 된다. '별 2'는 잠시 지평선 아래로 내려가지만 지평선 위에 있는 시간이 더 길다. 두 천극의 중간에 위치한 '별 3'은 지평선 위에 있는 시간이 반, 아래에 있는 시간이 반이다. 별이 천구를 한 바퀴 도는 데 24(항성)시간이 걸리므로 이 별을 볼 수 있는 시간은 12시간이다. 별 3은 정확히 동쪽에서 뜨고 정확히 서쪽으로 진다. 대략 남동쪽에서 떠올라 남서쪽으로 지는 '별 4'는 지평선 위보다 아래에서 더 많은 시간을 보낸다. 천구의 남극에 가까운 '별 5'는 아예 지평선 위로 뜨지 않는다. 그래서 관찰자는 이 별을 절대 볼 수 없다.

이 별 다섯 개의 경로를 표시하는 선들은 평행하다. 그 선들은 지구의 위도선들과 무척 비슷해 보인다. 사실 천구에도 이처럼 평행한 원을 그리는 (가상의) 선들이 있는데, 그것을 '등적위선(Parallel of Declination)'이라고 부른다. 특히 천구를 북반구와 남반구로 나누는 선은 '천구의 적도'라고 한다. 지구의 적도가 위도 0도인 것과 마찬가지로 천구의 적도의 적위는 0도이고, 각 별의 적위는 천구의 적도에서 별까지의 각도로 측정한다. 예를 들어

그림 13에서 '별 2'의 적위는 북위 25도(적위 +25°라고 표기)이지만, '별 4'의 적위는 남위 25도(적위 −25°로 표기)다.

천구의 적도를 비롯해 모든 등적위선은 저마다 천극과 항상 일정한 거리를 유지하기 때문에 관찰자가 다른 위도로 이동하지 않는 한 그가 바라보는 하늘에 있는 적도와 등적위선들의 위치는 변하지 않는다.

천구의 적도나 그 근처에 있는 몇몇 별무리들, 예를 들어 오리온자리에서 허리띠 부분(삼형제별)이나, 바다뱀자리에서 머리 부분, 처녀자리, 독수리자리에서 왼쪽 날개 끝, 물병자리에서 사람의 머리, 고래자리에서 꼬리 부분을 기억하면 어느 밤이든 하늘을 보면서 천구의 적도를 눈으로 그려볼 수 있다.

밤 동안에 별이 뜨거나 지면서 그 별의 '고도'는 변하지만 '적위(천구의 적도와의 거리)'는 '바뀌지 않는다'. 이처럼 적위는 그 별을 천구의 어디쯤에서 찾을 수 있는지 알려주지만 모든 것을 다 알려주지는 않는다. 만일 어떤 별의 적위가 +25°라면 그 별은 천구의 적도에서 북위 25도인 등적위선 어디에나 있을 수 있다. 따라서 우리는 지구에서 위치를 찾을 때와 마찬가지로 그 별의 경도를 알아야 한다. 그럼 어떻게 알 수 있을까?

지구에서의 황경권이 천구에서는 '시간권(Hour Circles)'에 해당한다. 별의 시간권은 천구의 북극에서 남극으로 가면서 그 별을 통과하는 대원(Great Circle, 구의 중심을 지나는 평면으로 구를 나

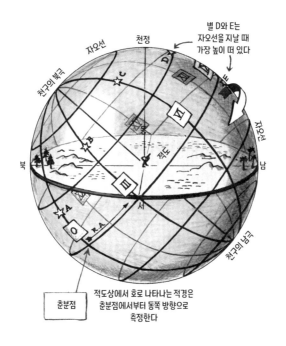

별 D와 E는
자오선을 지날 때
가장 높이 떠 있다

자오선 천정

천구의 북극

북

적도

자오선

남

춘분점   적도상에서 호로 나타나는 적경은
춘분점에서부터 동쪽 방향으로
측정한다

천구의 남극

그림 14: 시간권

눌 때 생기는 큰 원인데, 대원을 따라 구를 쪼개면 크기가 똑같은 반구 두 개로 나뉨 – 옮긴이)의 반원이다. 이 모형을 보면 O으로 표시한 반원이 별 A의 시간권이다. 별 B는 III으로 표시한 시간권에 있다. 별 C는 VI 시간권에 있고, 별 D와 E는 IX 시간권에 있다.

O부터 XXIII까지 24개의 시간권이 있고 그 시간권들은 천구의 적도에 있는 물고기자리 구역의 '춘분점'(246쪽의 그림 19 참고)에서부터 동쪽 방향으로 차례로 세어간다. 이 춘분점을 지나는

시간권이 '0시 시간권'이다. 각 시간권은 대원에서 절반만 해당하는데 반원마다 짝이 있어서 그 두 반원이 함께 완전한 원을 이룬다. 예를 들어 0시 시간권(O)의 짝은 12시 시간권(XII)이고, 1시 시간권(I)의 짝은 13시 시간권(XIII)이며, 그 밖의 시간권들도 이런 식으로 다 자기 짝이 있다. 그림 14를 보면 짝이 되는 시간권들이 희미하게 표시된 것을 볼 수 있다.★

하늘이 회전함에 따라 시간권도 함께 회전한다. 어떤 시간권이 최고 높이에 있을 때 그 시간권은 자오선과 일치한다. 이때 그 시간권에 있는 모든 별들도 자오선에 있다. 이처럼 같은 시간권에 있는 별들은 동시에 남중하지만(그림 14에서는 별 D와 E가 자오선을 지나고 있다), 각자 적위가 달라서 동시에 같이 뜨고 지지 않는다. 0시 시간권(O)이 자오선에 있으면 '항성일'이 시작된다. 그때가 바로 항성시로 0시다. 일반인에게 자정이나 정오가 중요하듯이 천문학자에게는 그 순간이 바로 그런 때다. 0시 시간권이 자오선을 통과하고 한(항성) 시간이 지나면 1시 시간권(I)이 자오선을 통과하면서 1항성시가 된다. 이후에 또 한 시간이 지나면 2시 시간권(II)이 자오선을 통과하면서 2항성시가 되고, 그런 식으로 계속 진행된다. 24항성시간 후에는 0시 시간권이 다시 자오선을 통과하면서 새로운 항성일이 시작된다.

★ 시간권은 348~349쪽의 '전체 하늘 지도'에도 표시되어 있다.

지구에서 경도와 위도가 위치를 정하는 것처럼 천구에서는 시간권과 등적위선이 별의 위치를 정한다. 그러나 천문학자들은 '시간권'을 기재하는 대신 별의 '적경(Right Ascension, 약칭: R.A.)'을 기록한다. 이 적경은 적도상에서 춘분점을 기준으로 동쪽에 있는, 별의 시간선과 적도의 교차점까지 호(弧)로 나타나는 거리를 측정한 값이다. 적경은 시, 분, 초로 표시한다. '시간선 XIX'에 있는 별의 적경은 19시다. 카펠라를 예로 들면, 이 별의 전체 '주소'는 R.A. 5^{h}13^m Dec.+45°57′으로 쓰고, 적경 5시 13분, 북적위 45도 57분이라고 읽는다['Dec.+' = North Declination(북적위)]. 이런 정보는 함께 이동하는 별들 사이에서 카펠라의 위치뿐 아니라 매일 항성시 5시 13분에 자오선을 지난다는 것, 그리고 천극과 적도의 중간에 떠 있을 때는 우리가 있는 위도에서 대부분의 시간에 볼 수 있다는 것도 알려준다.

앞에서 천극의 고도는 관찰자의 위도와 같다는 사실을 언급했다. 또한 시간권은 춘분점(겉으로 보이는 태양의 경로인 황도와 천구의 적도가 만나는 두 교차점 중 하나)을 기준으로 측정되고, 항성일은 태양일보다 4분 정도 짧다는 것도 얘기했다. 하지만 앞에서는 그런 사실들을 설명하지도 않았고, 그와 관련된 원리들도 말하지 않았다.

이제 그 설명을 시작하고 그와 관련해 황도대, 계절의 원인 그리고 오랜 세월에 걸쳐 지구 자전축의 '요동'이 초래하는 천극의 이동을 살펴볼 것이다.

아울러 행성과 달은 물론, 극미한 우리 태양계가 속한 은하에 대해서도 간략히 알아볼 것이다. 그다음에는 별자리의 역사와 지구 밖 생명체의 가능성을 잠깐 훑어보고 이야기를 마무리하겠다.

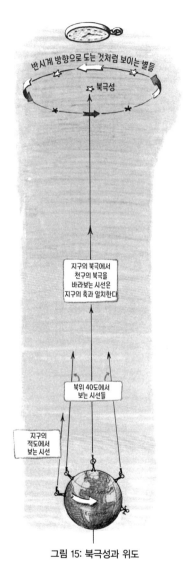

반시계 방향으로 도는 것처럼 보이는 별들

★ 북극성

지구의 북극에서
천구의 북극을
바라보는 시선은
지구의 축과 일치한다

북위 40도에서
보는 시선들

지구의
적도에서
보는 시선

그림 15: 북극성과 위도

북극성과 위도

오늘날 우리는 여행의 시대에 살고 있다. 이제 수천 킬로미터의 여행은 대수롭지 않은 일이 되어 별 보기를 하는 많은 사람들이 얼마든지 먼 북쪽이나 남쪽으로 여행하면서 하늘의 변화를 지켜볼 기회를 갖게 되었다. 물론 별자리들의 모양은 아무 영향 없이 계속 그대로지만, 만약 어떤 사람이 플로리다 남부로 여행을 갔다면 북극성이 지평선에서 25도쯤의 상공에 꽤 낮게 떠 있는 것을 발견하고는 며칠 전 미네소타 북부에 있을 때는 북극성이 천정 쪽으로 반 이상 올라간 곳에 높이 떠 있었고 지금은 그때 보이지 않던 별자리들이 조금 보인다는 것을 깨닫는다.

정확히 말하면 천극의 고도는 관찰자의 위도와 동일하다. 관찰자가 북쪽이나 남쪽으로 이동하면 천극의 고도 또한 변한다. 그리고 "관찰자가 보기에 별들이 있는 천구 전체가 회전하는 그 중심축은 관찰자 위도의 높낮이에 따라 그 기울기가 달라 보인다". 바로 이런 사실 때문에 관찰자는 별을 관찰함으로써 자신의 위도를 알아낼 수 있다. 이것은 중요한 사실이다. 하지만 아직까지 그것을 설명하지는 않았다. 이제 그 이유를 알아보자.

그림 15에는 지구가 나오는데 한 관찰자가 지구의 북극에 서서 망원경으로 북극성을 보고 있다. 실제로 북극성은 정확히 천구의 북극에 있지는 않지만 그런 작은 차이는 잠깐 무시하자. 천구의 북극은 지구의 축이 가리키는 지점이므로 관찰자가 북극성을 보려면 하늘을 수직으로 올려다봐야 한다. 관찰자가 발을 딛고 서 있는 지구가 서에서 동으로 자전함에 따라 북극성 주변의 별들도 천극을 중심으로 회전하고 있다. 그 때문에 관찰자의 눈에는 별들이 반시계 방향으로 회전하는 것처럼 보인다. 북극성 자체는 그 자리에 변함없이, 아니 거의 그대로 남아 있다.

하지만 관찰자가 지구의 북극에서 벗어나면 북극성은 더 이상 그의 머리 위에 있지 않다. 남쪽으로 멀리 갈수록 그곳에서 북극성을 보려면 망원경을 아래로 더 기울여야 한다. 만약 지구의 남반구로 이동하면 북극성은 그가 있는 곳의 지평선 아래로 가라앉을 것이다.

그림 15를 보면 알 수 있다.* 또한 관찰자가 동일한 위도선, 가령 북위 40도에 계속 머물러 있는 한, 북극성을 볼 때 그의 망원경의 기울기는 그대로 유지된다. 이는 적도를 포함해 모든 위도권에 적용되는 사실이다.

하지만 그림 15에서는 주어진 위도에서 망원경의 기울기가 정확히 얼마여야 하는지 알 수 없다. 왜냐하면 지구를 몇 센티미터로 표현한 이 그림의 축소 비율을 적용하면 북극성은 수십 센티미터가 아니라 수 킬로미터나 떨어져 있어야 하고, 이 조그만 지구의 어느 지점에서든 천구의 북극을 보는 모든 시선이 그림에서처럼 약간 수렴되는 모습이 아니라 실제로 거의 그대로 평행할 것이기 때문이다.

따라서 우리에게는 다른 위도들에서의 모든 시선이 지구의 축과 평행한 새로운 그림, 즉 그림 15A가 필요하다. 알다시피 지

········

★ 관찰자가 남반구로 이동하면 북극성이 지평선 아래로 가라앉는다는 말이 어떤 이들에게는 그 이미지를 떠올리기가 어렵다. 기하학적 관점에서는 이해하기 쉬운데 말이다. 그때는 이렇게 해보면 도움이 될 수도 있다. 이 지면을 천천히 기울여가며 그림 속의 관찰자가 처음에는 북위 40도에서, 그다음에는 적도에 똑바로 서 있게 하면서 내내 북극성을 관찰하자. 그러면 이 지면을 기울임에 따라 머리 위에 있던 북극성이 실제로 점점 더 낮게 내려앉는 것을 볼 수 있다.

구의 축은 지구의 북극에서
천구의 북극(천구의 축)을 바
라보는 시선과 일치한다. 이
제부터 북극성의 고도, 아니
더 정확히 말해 천구의 북극
의 고도는 관찰자가 어느 지
점에 있든 그가 천극을 바라
보는 시선과 지평면이 이루는
각도다. 만약 어디서든 모든
시선이 평행하다면 우리가 알
아내야 할 것은, 그 시선들이
해당 위도들의 지평면과 이루
는 각도다. 아울러 지구의 어
느 지점이든 그 지평면은 그

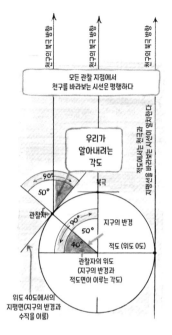

모든 관찰 지점에서
천구를 바라보는 시선은 평행하다

우리가
알아내려는
각도

90°
50°
북극
관찰자
90°
지구의 반경
50°
적도 (위도 0도)
40°
관찰자의 위도
(지구의 반경과
적도면이 이루는 각도)

위도 40도에서의
지평면(지구의 반경과
수직을 이룸)

그림 15A: 천극의 고도

지점에서의 지구의 반경과 직각을 이룬다는 점을 명심하자(이 논
증에서는 지구를 완벽한 구체로 여기고, 지구의 양극이 약간 납작하다
는 사실은 무시해도 된다).

한 지점의 위도는 지구의 반경과 적도면 사이의 각도이고, 그
위도의 여각(두 각의 합이 직각일 때 한 각에 대한 나머지 각 ― 옮긴이)
은 천극 고도의 여각(이 경우에는 50도)과 같다. 이처럼 두 여각이
일치하므로 그림 15A에서 파랗게 칠한, 위도와 고도를 나타내는

두 각 역시 동일하다. 이것이 바로 우리가 증명하려 한 것이다.

다른 위도에서의 천구의 기울기를 설명해주는 아래 예시 그림을 살펴보자.

그림 16: 북극에서 보는 하늘

언제나 천구의 북반구만 볼 수 있다. 별들은 지평선과 평행한 천구의 북극을 중심으로 회전하고, 뜨거나 지지 않는다. 동쪽과 서쪽이 없고 모든 방향이 남쪽이다. 천구의 적도 남쪽에 있는 별들은 영원히 보이지 않는다.

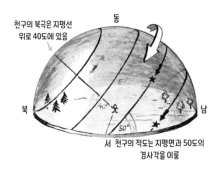

그림 17: 북위 40도에서 보는 하늘

천구의 축이 지평면에서 40도 기울어 있다. 천구의 적도 북쪽에 있는 별들은 지평선 아래보다 위에 있는 시간이 더 길다. 천구의 남반구 별들을 전부는 아니어도 많이 볼 수 있지만 그 별들은 지평선 위보다 아래에 있는 시간이 더 길다. 천구의 적도는 지평면과 50도[직각(90도) – 40도]의 경사각을 이룬다.

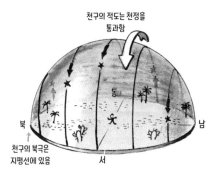

그림 18: 적도에서 보는 하늘

천구의 축이 지평면에 있다. 북극성은 (거의) 지평선에 있다. 천구의 북반구 절반과 남반구 절반이 언제나 같이 보이고 천구의 적도는 천정을 통과한다. 별들이 수직으로 뜨고 지며, 전체 하늘에서 모든 별들을 가끔 볼 수 있다.

황도와 계절

그림 19에는 천구를 나타내는 크고 텅 빈 구 안에 지구와 '공전 궤도(매년 태양 둘레를 도는 경로)'가 나와 있다. 그 구에는 천구의 북극과 축, 적도 그리고 0시 시간권이 표시되어 있다. 구에는 적도와 비스듬한 띠가 하나 둘려져 있다. 더 옅은 색으로 칠한 그 띠에는 열두 개의 별자리가 표시되어 있다. 이 띠가 바로 '황도대'다(황도대는 273쪽에서 다룰 것이다). 그리고 그 중간에 지나가는 점선이 '황도'로, 1년 동안 겉보기에 태양이 별들 사이를 지나는 길이다.

이 그림을 더 자세히 들여다보면 겉으로 보이는 이 경로가 어떻게 생기는지 알 수 있다.

공전 궤도에 있는 지구는 12월 22일, 3월 21일, 6월 21일, 9월 23일, 이렇게 네 개의 위치에 표시되어 있다. 우리는 이 하늘 모형을 공부하면서, 별들이 있는 하늘은 움직이지 않는 상태에서 지구가 태양 주위를 공전할 때 지구에 있는 관찰자에게는 태

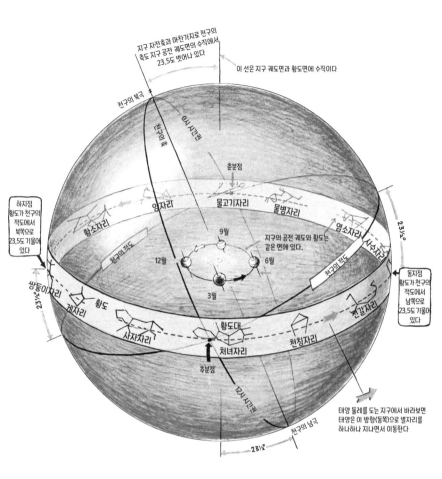

지구 자전축과 마찬가지로 천구의
축도 지구 공전 궤도면의 수직에서,
23.5도 벗어나 있다

이 선은 지구 궤도면과 황도면에 수직이다

천구의 북극

6시 시간권

천구의 축

하지점
황도가 천구의
적도에서
북쪽으로
23.5도 기울어
있다

춘분점

양자리   물고기자리   물병자리

황소자리

천구의 적도

9월

염소자리

궁수자리

23½°

23½°

쌍둥이자리

게자리

12월   3월   6월   지구의 공전 궤도와 황도는
같은 면에 있다.

황도

동지점
황도가 천구의
적도에서
남쪽으로
23.5도 기울어
있다

천구의 적도

사자리

황도대

전갈자리

처녀자리

천칭자리

추분점

태양 둘레를 도는 지구에서 바라보면
태양은 이 방향(동쪽)으로 별자리를
하나하나 지나면서 이동한다

12시 시간권

천구의 남극

23½°

그림 19: 천구 안에서 지구의 공전 궤도

다른 하늘 모형들과 마찬가지로 이 모형도 축소 비율에 맞게 그려져 있지 않다. 태양은 너무 작고 지구는 너무 크며 천구는 지구의 공전 궤도에 비해 지나치게 작다. 천구 꼭대기에 있는 북극도 수 킬로미터는 떨어져 있어야 태양을 포함해 지구의 공전 궤도가 천구와 비교해서 정확히 축소될 수 있다. 이 모형에서 조그만 지구를 관통하는 각각의 네 축들도 실제 상황대로라면 하나로 합쳐져 사실상 천구의 축과 일치해야 한다. 어쩔 수 없이 정확하지 않은 부분들이 있지만 일단 설명했으니 문제 될 게 없다.

양이 다양한 별들을 배경으로 어떻게 보이는지 알 수 있다(오해 하지 말기 바란다. 이 모형에서는 가만히 있는 지구에서 '날마다 겉으로 보이는 하늘의 움직임'을 고려할 뿐, 가만히 있는 하늘과는 반대로 '1년 동안 진행되는 실제 지구의 움직임'은 감안하지 않는다).

이제 지구의 관찰자가 태양과 별들이 동시에 보이는 성층권 상부에서 관측기구를 타고 있다고 가정해보자. 그는 12월에는 '사수자리'를 배경으로 태양을 보고, 3월에는 '물고기자리'를 배경으로 태양을 보게 된다. 또한 그 태양은 6월에는 '쌍둥이자리'를 배경으로, 9월에는 '처녀자리'를 배경으로 보일 것이다. 그리고 다음 12월에는 태양의 배경이 다시 '사수자리'가 되며 계속 그렇게 돌아간다. ★

만약 관찰자가 자신이 만든 천구 모형에서 별들 사이에 있는 태양의 위치를 날마다 점으로 찍어본다면 태양이 매일 동쪽으로 거의 1도씩(365.25일에 360도) 이동한다는 것을 알 수 있다. 그리고 1년 뒤에는 여기 나오는 그림과 마찬가지로 그 천구를 한 바퀴 빙 두르는 커다란 원인 '황도'가 그려져 있을 것이다. 일식과

....

★ 성층권 관측기구가 없는 사람들은 태양이 있는 별자리를 그 순간에는 보지 못한다. 태양이 별자리를 가리기 때문이다. 그러나 밤하늘에서 언제나 알아볼 수 있는 별자리가 있다. 바로 자정에 우리가 있는 곳의 자오선을 지나는 별자리다. 그 별자리는 그 순간 태양이 있는 별자리의 반대편에 있다. 그림 19의 하늘 모형을 보면 어느 별자리들이 서로 반대편에 있는지 대략 알 수 있다.

월식도 이 궤도를 따라 생긴다.

이제 지구는 태양 주위를 공전할 뿐 아니라 항상 스스로 도는 자전도 하면서 밤과 낮을 만들어낸다. 전문가들조차 그 이유는 알지 못하지만 우연히도 "지구 행성의 자전축은 그 궤도면에 수직으로 서 있지 않고" 수직에서 23.5도 벗어나 있다.

만약 그렇지 않다면, 다시 말해 지구 자전축이 수직으로 서 있다면 1년 내내 어디서나 밤과 낮이 똑같을 것이고 계절도 없을 것이다. 게다가 그림 19의 구조도 더 간단해지고 여기서 더 이상 설명할 내용도 없다. 그러나 23.5도라는 기울기가 '존재'하기 때문에 계절과 낮 길이가 변하고 그에 대한 설명도 필요한 것이다. 그럼 이제 그 내용을 살펴보자.

앞서 말한 대로 지구 자전축은 기울어 있고 그 축의 연장선에 불과한 천구의 축도 똑같이 23.5도 기울어 있다. 그다음으로 천축과 수직인 천구의 적도도 그림 19에서 보듯이 황도와 23.5도의 경사각을 이룬다. 두 대원인 적도와 황도는 두 지점에서 만나는데 그 지점은 (그림에서 화살표로 표시된 것처럼) 서로 정반대편에 있다. 그리고 '쌍둥이자리'가 있는 황도의 반은 위에, 정확히 말해 적도 북쪽에 있지만, '사수자리'가 있는 황도의 나머지 반은 적도 남쪽에 있다.

태양이 1년 동안 황도를 따라 이동하는 과정에서 그 두 교차점에 이를 때 태양은 적도에 놓인다. 234쪽에서 봤듯이 천구의 적도에 있는 별들은 12시간은 지평선 위에 있고, 나머지 12시간은 지평선 아래에 있는데 태양이 적도를 지날 때도 마찬가지다. 그 위치에 있을 때 밤과 낮의 길이가 똑같아지므로 그 두 지점을 '분점(分點, Equinox)'이라고 한다['Equinox'는 라틴어로 '같은(equal)'을 뜻하는 'aequus'와 '밤(night)'을 뜻하는 'nox'에서 유래되었다]. 이 두 분점이 바로 '춘분점[春分點, Vernal Equinox('ver'는 봄을 뜻하는 라틴어) 또는 Spring Equinox]'과 '추분점[秋分點, Autumnal Equinox('autumnus'는 가을을 뜻하는 라틴어) 또는 Fall Equinox]'이며 태양이 춘분점을 지날 때는 '물고기자리'에, 추분점을 지날 때는 '처녀자리'에 있다. 시기를 보면 춘분은 3월 21일쯤으로 봄의 시작을 알리고, 추분은 9월 23일쯤으로 가을의 시작을 알린다.

하지만 1년 중 이 둘을 제외한 나머지 날들은 낮과 밤의 길이가 같지 않다. 태양이 황도를 따라 동쪽으로, 예컨대 '물고기자리'에서 '양자리'로 이동하는 것처럼 보일 때 태양은 천구의 적도에서 멀어지고, 다시 말해 북적위가 증가하고, 북반구에서 지평선 아래보다 위에 있는 시간이 더 길어진다. 그러다 한 분기(3개월)가 지나면 태양은 '쌍둥이자리'에 놓이고 천구의 적도에서 가장 멀어진다. 이때 태양의 위치는 북적위 23.5도이며 낮이 가장 길고 밤은 가장 짧다. 이후에는 태양의 적위와 낮의 길이가 줄어든다. 그러다가 태양이 추분점에 이르면 낮과 밤의 길이는 다시 같아진다. 이후 태양의 적위는 '마이너스', 즉 남적위가 되어 태양은 지평선 위보다 아래에서 더 많은 시간을 보낸다. 대략 12월 22일까지 낮이 점점 짧아지고 밤은 점점 길어진다. 12월 22일 무렵에는 태양이 천구의 적도에서 가장 먼 남쪽의 황도 지점인 '사수자리'에 이른다. 이제 태양의 적위는 −23.5도이며 낮이 가장 짧고 밤이 가장 길다. 이 시기는 또 다른 전환점이 된다. 그때부터 낮은 점점 길어지고 밤은 점점 짧아지다가 춘분점에서 이런 1년의 순환이 다시 시작된다.

대략 6월 21일과 12월 22일에 찾아오는 전환점을 각각 '하지점(夏至點, Summer Solstice)'과 '동지점(冬至點, Winter Solstice)'이라고 한다['Solstice'는 라틴어로 '태양(sun)'을 뜻하는 'sol'과 '정지하다(stand still)'를 뜻하는 'stare'에서 유래되었다]. 태양이 이 분점(分

6월 21일 태양의 경로
태양이 북동쪽에서 떠서 지평선 위에 15시간쯤 있다가 북서쪽으로 지며, 태양의 위치는 적도의 북쪽이다

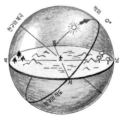

3월 21일과 9월 23일 태양의 경로
태양이 동쪽에서 떠서 지평선 위에 12시간쯤 있다가 서쪽으로 지며, 태양의 위치는 적도다

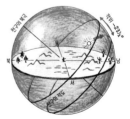

12월 22일 태양의 경로
태양이 남동쪽에서 떠서 지평선 위에 9시간쯤 있다가 남서쪽으로 지며, 태양의 위치는 적도의 남쪽이다

그림 20: 하짓날, 춘분날과 추분날, 동짓날 태양의 경로

點)들과 지점(至點)들을 통과하면 새로운 계절이 시작된다는 신호이며 그렇게 사계절이 생겨난다. *

하지와 동지 그리고 춘분과 추분에 북위 40도에서 겉으로 보기에 태양이 하늘을 지나는 경로는 그림 20에 나와 있다.

낮이 가장 길 때와 가장 짧을 때의 낮 길이는 관찰자의 위도에 좌우된다. 지구의 적도에서는 1년 내내 낮과 밤의 길이가 같지만 적도를 벗어나 북쪽이나 남쪽으로 이동하면 계절에 따른 차이가 나타나고 지구의 양극에 가까이 갈수록 그 차이는 더욱 커진다. 우리가 있는 위도, 즉 북위 40도쯤에서는 낮이 가장 길 때 15시간 정도, 가장 짧을 때 9시간 정도 지속된다. 양극에서 23.5도 이내인 극지방에서는 한여름에 한밤중에도 해가 보이는 백야 현상이 있다. 낮이 가장 길 때는 24시간 지속되고 밤이 가장 길 때도 마찬가지다. 양극에서는 밤과 낮이 각각 6개월씩 지속된다.

낮이 길어질수록 밤은 짧아지고 밤이 길어질수록 낮은 짧아진다는 사실만으로도 여름이 덥고 겨울이 추운 이유가 설명될 것이다. 하지만 지구 자전축의 기울기에서 비롯된 또 다른 사실 때문에 여름은 훨씬 더워지고 겨울은 훨씬 추워진다. 그것은 태양 광선이 지구에 떨어지는 각도가 계절에 따라 달라진다는 의미다.

....

★ 지구 남반구의 계절은 우리가 있는 북반구와 정반대다. 우리가 봄일 때 아르헨티나는 가을이다. 12월 중순이면 미국 워싱턴D.C.에서는 9시간 조금 넘게 해가 있지만 그에 상응하는 남위의 오스트레일리아 멜버른에서는 15시간 정도 해가 보인다.

그림 21에서 보듯이 태양 광선은 여름보다 겨울에 한쪽으로 매우 심하게 치우쳐서 내리쬔다. 따라서 같은 양의 햇빛이 여름보다 겨울에 더 넓은 지역에 드문드문 비친다. 게다가 태양 광선이 지구 대기의 더 넓은 부분에 퍼져야 하므로 그 영향력도 더 약해진다. 사실 6월이 아니라 7월과 8월이 가장 더운 달이고 9월이 3월보다 더 따뜻하지만 그렇다고 태양에 직접적인 책임을 물을 수는 없다. 여름에는 지구가 매일 저장해두었던 열 때문에, 겨울에는 지구가 매일 잃었던 열 때문에 그렇다고 할 수 있다.

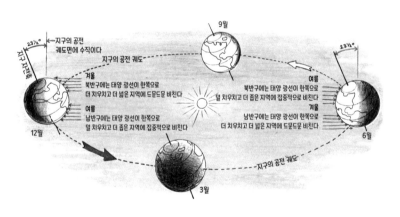

그림 21: 계절의 원인이 되는 지구 자전축의 기울기

태양일과 항성일

누구나 그냥 하늘을 바라보면서 같은 별들이 가장 높게 뜨는 시각이 매일 4분쯤 빨라진다는 것을 알아낼 수 있다. 달리 말하면 항성일이 태양일보다 4분 정도 짧다는 것이다. 하지만 '현상을 관찰하는 것'과 '그 이유를 알아내는 것'은 별개의 문제다. 1년 동안 하늘에 변화를 일으키는, 이처럼 매일 빨라지는 4분을 '설명' 해야 할 일이 아직 남아 있다.

춘분점이 자오선을 한 번 지나고 다시 자오선을 지날 때까지의 시간인 '항성일'은 지구가 스스로 완전히 한 바퀴 도는 데 걸리는 시간이다. 바로 이런 '지구의 실제 자전 시간'이 겉보기에 별들이 회전하는 원인이 되는 것이다.

'태양일'은 '지구의 실제 자전에 걸리는 시간이 아니다'. 앞서 봤듯이 어느 정오부터 다음 정오까지의 평균 시간이다. 지구상의 장소에서는 태양이 그곳의 자오선에 있을 때 정오가 된다. 그림으로 표현하면 그곳이 태양을 마주 보고 있을 때다.

항성일과 태양일은 길이가 다르다. 왜냐하면 지구가 자체 축을 중심으로 자전하는 동시에 태양 주위를 공전하기 때문이다. 그림 22를 자세히 살펴보며 좀 더 깊이 생각해보면 왜 이런 일이 생기는지 알 수 있다.

그림을 보면 태양 둘레를 도는 경로에서 다른 네 지점에 있는 지구가 있다. 지구는 그 궤도를 따라 이동하면서 자체 축을 중심으로 회전한다. 이런 공전과 자전은 모두 같은 방향인 서에서 동으로 진행된다. 그림 속 지구에는 북미 대륙이 간략하게 그

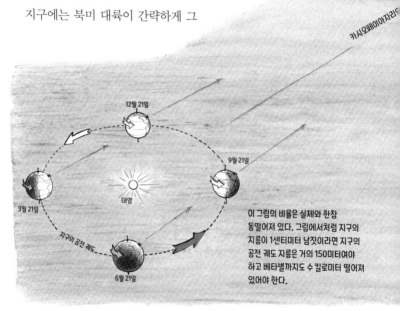

카시오페이아자리

12월 21일

9월 21일

태양

3월 21일

지구의 공전 궤도

6월 21일

이 그림의 비율은 실제와 한참 동떨어져 있다. 그림에서처럼 지구의 지름이 1센티미터 남짓이라면 지구의 공전 궤도 지름은 거의 150미터여야 하고 베타별까지도 수 킬로미터 떨어져 있어야 한다.

그림 22: 1년 동안의 태양일과 항성일

베타(β)별 쪽을 바라보고 있다

가시오페이아자리

려져 있고 미국의 중앙에 있는 한 지점인 캔자스주의 주도(州都)인 토피카(Topeka)가 작은 십자로 표시되어 있다.

그럼 3월 21일에서 시작해보자. 그림에 나오는 지구는 토피카가 태양을 향하도록 돌아 있다. 달리 말하면 태양은 토피카의 자오선에 있으며 토피카 시간으로 정오다. 만일 토피카 사람들이 낮에 별을 볼 수 있다면 자오선이나 그 주위에 가까이 있는 수많은 별을 보게 될 것이다. 3월 21일 정오에 그 별들은 모두 가장 높이 떠 있거나 거의 최고 높이에 있다는 말이다. 밝은 별 하나를 골라보자. 카시오페이아자리의 베타(β)별은 그때 실제로 자오선에 있다(만약 어떤 토피카 사람이 로켓 비행기를 타고 성층권 높이 올라간다면 그는 실제로 별들과 태양을 동시에 볼 것이다. 실제로 있었던 일이다).

지구가 완전히 한 바퀴 자전하면 토피카는 다시 베타별을 마주 보게 되지만 태양은 아직 마주 보고 있지 않다. 왜냐하면 지구가 그사이 공전하면서 궤도를 따라 앞으로 조금 나아갔기 때문이다.

따라서 지구가 왼쪽으로 약간 더 돌아야 토피카가 태양과 정확히 마주 보게 된다. 이런 추가의 회전은 너무 미미해 그림에서는 판단할 수 없지만 그 과정이 매일 반복되면서 그 차이가 곧 두드러진다.

수치를 단순화하기 위해 1년 열두 달에서 매달 30일씩 있다고 가정해보자. 그러면 6월 21일에는 지구가 실제로 90번 자전한 뒤에, 다시 말해 90항성일이 지난 뒤에야 토피카는 시작일로 잡은 3월 21일 이래 90번째 베타별을 마주 보게 된다. 하지만 이제는 심지어 이 작은 그림에서도 지구가 4분의 1을 자전해야만 토피카가 90번째 태양을 마주 보게 된다는 것을 분명히 볼 수 있다. 달리 말하면 태양일은 아직 완전히 90일이 되지 않았다. 정오까지는 여섯 시간이 남아 있고 그 여섯 시간은 지구가 4분의 1 자전하는 데 걸리는 시간이다. 태양시로는 오전 6시가 되며 베타별은 여섯 시간 빨라졌다.

9월 21일에는 지구가 또 실제로 90번 자전한 뒤에, 전체 관찰 기간으로 따지면 항성일이 180일 지나고 나서, 토피카는 180번째 베타별을 마주 보고 있지만 아직 태양을 마주 보고 있지는 않다. 이제는 태양과 정반대 방향에 있어 지구가 완전히 반을 자전해야만 토피카가 태양을 마주 볼 수 있다. 정오가 되려면 열두 시간이 남았다. 달리 말하면 태양시로는 자정이며 베타별은 열두 시간 빨라졌다. 12월 21일에는 그 차이가 열여덟 시간으로 벌어지고 지구는 4분의 3을 자전해야 비로소 토피카는 정오가 된다. 3월 21일에는 베타별이 총 24시간 빨라지고 이 24시간은 지구가 완전히 한 번 자전하는 시간이다.

360일 동안 24시간 빨라진다는 것은 매달 두 시간씩, 바꿔 말하면 매일 정확히 4분씩 빨라짐을 의미한다. 이제 우리의 1년을 365.24태양일(하지만 항성일로는 366.24일)로 놓고 빨라진 24시간을 우리가 앞서 가정했던 것보다 며칠 늘어난 날수에 고르게 분배한다. 그러면 '매일' 빨라지는 시간이 약간 줄어들면서 그 결과는 하루 3분 55.91초로 나오는데, 이를 두고 우리는 "별들이 매일 4분쯤 빨라진다"고 말하는 것이다.

알아두기 어느 별이든 실험을 위해 쓸 수 있지만 카시오페이아자리의 베타별이 실제로 0시 시간권에 있다는 이점 때문에 1년 중 어느 밤에나 이 0시 시간권을 기준으로 마치 시곗바늘을 보듯 항성시를 알아낼 수 있다. 이렇게 항성시를 알아내면 하루에 4분씩 더해서 자기가 있는 곳의 태양시를 알 수 있다. 이는 근사한 취미이자 심지어 유용할 수 있다. 그 방법은 다음 장에서 살펴보자.

1년 내내 돌아가는 하늘 시계

이 그림들은 카시오페이아자리와 북두칠성이 매시간 북극성 둘레를 도는 모습을 보여준다. 별자리가 완전히 한 바퀴 돌면 '1항성일'이 된다. 각 별자리 그림에서 맨 아래에 있는 흰색 숫자는 '항성시'로, 1년 중 어느 날이든 별자리가 그 위치에 이르는 시각을 나타낸다. 이 시각은 절대 바뀌지 않는다. 이 '항성시'를 '표준시(예: 태양시)'로 전환하는 방법은 아래 설명과 예를 참고한다.

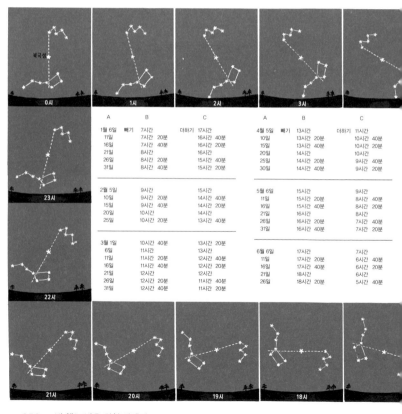

A	B		C	
1월 6일	빼기	7시간	더하기	17시간
11일		7시간 20분		16시간 40분
16일		7시간 40분		16시간 20분
21일		8시간		16시간
26일		8시간 20분		15시간 40분
31일		8시간 40분		15시간 20분
2월 5일		9시간		15시간
10일		9시간 20분		14시간 40분
15일		9시간 40분		14시간 20분
20일		10시간		14시간
25일		10시간 20분		13시간 40분
3월 1일		10시간 40분		13시간 20분
6일		11시간		13시간
11일		11시간 20분		12시간 40분
16일		11시간 40분		12시간 20분
21일		12시간		12시간
26일		12시간 20분		11시간 40분
31일		12시간 40분		11시간 20분

A	B		C	
4월 5일	빼기	13시간	더하기	11시간
10일		13시간 20분		10시간 40분
15일		13시간 40분		10시간 20분
20일		14시간		10시간
25일		14시간 20분		9시간 40분
30일		14시간 40분		9시간 20분
5월 6일		15시간		9시간
11일		15시간 20분		8시간 40분
16일		15시간 40분		8시간 20분
21일		16시간		8시간
26일		16시간 20분		7시간 40분
31일		16시간 40분		7시간 20분
6월 6일		17시간		7시간
11일		17시간 20분		6시간 40분
16일		17시간 40분		6시간 20분
21일		18시간		6시간
26일		18시간 20분		5시간 40분

도표 사용법 그림에 나오는 별자리들의 24가지 위치에서 지금 밤하늘의 모습과 가장 비슷한 것을 고른다. A줄에서 관찰 날짜와 가장 가까운 날짜를 고른다. 별자리 그림 속의 맨 아래 흰색 숫자에서, 해당 날짜의 B줄에 있는 시간 숫자를 '빼거나' C줄에 있는 시간 숫자를 '더한다'. 둘 중에서 더 쉬운 방법을 택하면 된다. 혹시 관찰 날짜가 A줄에 표기되어 있으면 계산 결과가 바로 본인

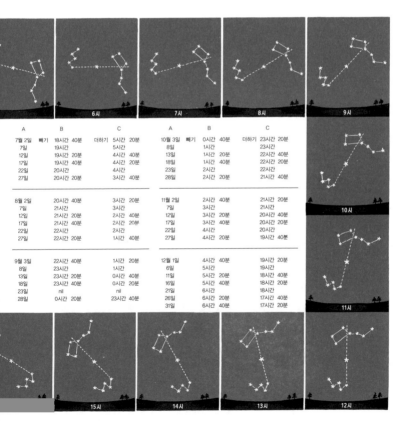

A	B	C		A	B	C
7월 2일 **빼기** 18시간 40분	**더하기** 5시간 20분		10월 3일 **빼기** 0시간 40분	**더하기** 23시간 20분		
7일	19시간	5시간		8일	1시간	23시간	
12일	19시간 20분	4시간 40분		13일	1시간 20분	22시간 40분	
17일	19시간 40분	4시간 20분		18일	1시간 40분	22시간 20분	
22일	20시간	4시간		23일	2시간	22시간	
27일	20시간 20분	3시간 40분		28일	2시간 20분	21시간 40분	
8월 2일	20시간 40분	3시간 20분		11월 2일	2시간 40분	21시간 20분	
7일	21시간	3시간		7일	3시간	21시간	
12일	21시간 20분	2시간 40분		12일	3시간 20분	20시간 40분	
17일	21시간 40분	2시간 20분		17일	3시간 40분	20시간 20분	
22일	22시간	2시간		22일	4시간	20시간	
27일	22시간 20분	1시간 40분		27일	4시간 20분	19시간 40분	
9월 3일	22시간 40분	1시간 20분		12월 1일	4시간 40분	19시간 20분	
8일	23시간	1시간		6일	5시간	19시간	
13일	23시간 20분	0시간 40분		11일	5시간 20분	18시간 40분	
18일	23시간 40분	0시간 20분		16일	5시간 40분	18시간 20분	
23일	nil	nil		21일	6시간	18시간	
28일	0시간 20분	23시간 40분		26일	6시간 20분	17시간 40분	
				31일	6시간 40분	17시간 20분	

이 있는 곳의 '태양시'다. 만약 지금 날짜가 표에 나오는 두 날짜 사이에 있으면 하루 4분 차이를 반영해 몇 분을 더하거나 빼준다. 서머타임(일광 절약 시간제)을 시행하고 있다면 계산 결과에서 한 시간을 빼면 된다. 9월 23일 자정에는 항성시와 태양시가 같다. 그 무렵에는 그림에 나와 있는 시각에서 더하거나 뺄 것 없이 그 시각 '그대로' 보면 된다(단, 서머타임 계산은 필요하다).

예 2월 8일에 밤하늘을 보니 별자리가 '5시'라고 적힌 그림의 위치에 있다. 그렇다면 그때 시각은 몇 시일까? 표를 보면 A줄에서 가장 가까운 날짜는 2월 10일이다. 그 날짜에는 9시간 20분을 빼거나 14시간 40분을 더하라고 나온다. 둘 중 더 쉬운 쪽을 택하면 되므로 5시에 14시간 40분을 더한다. 그러면 결과는 19시 40분(오후 7시 40분)이다. 하지만 이것은 2월 10일일 때의 시각이다. 2월 8일은 그보다 이틀 전이니 8분 차이를 반영하면 정확한 시각은 오후 7시 48분이 된다(항성일이 태양일보다 하루에 4분 정도 짧으므로 '2일×4분=8분'을 더해주면 된다 – 옮긴이).

실제로 우리의 하늘 시계는 그렇게 정확하지 않다. 그저 대충 작동할 뿐이다. 그 시계가 정확히 작동되려면 관측기구로 하늘을 관찰해야 할 것이다. 하지만 어느 정도 연습하면 괜찮은 결과를 얻을 수 있다. 이때는 별자리 기울기는 물론이고 표에서 중간값을 제대로 추정하는 게 중요하다. 만약 시간 변경선 근방에 있다면 그곳의 표준시가 지역의 평균태양시와 30분 이상 차이 날 수도 있다. 이 문제는 다음 장의 내용을 참고하기 바란다.

시간과 시간대

별을 보지 않는 인간에게 시간은 간단한 문제다. 그런 사람은 자기 시계로 시간을 확인하며 기차역의 시계나 방송 매체 시보를 듣고 시계의 시간을 맞춘다. 하지만 기차역과 방송국도 결국 시계가 정확히 가도록 해야 하는데 그런 기관들은 천문대에서 제공하는 시간 신호를 확인함으로써 시계의 정확성을 유지한다. 그리고 천문대는 '별'을 보면서 자기네 시계를 점검한다. 천문학자들은 그 별을 관측하기 위해 항성시를 이용한다.

'항성시(Sidereal Time)', 즉 별시간(Star Time)은 태양과 상관없이 별들이 있는 천구의 특정한 지점인 '춘분점'과 관련된 지구의 실제 자전에 기반을 둔다(그림 19 참고). 바로 이 춘분점이 자오선을 한 번 지나고 다시 자오선을 지날 때까지의 시간이 '항성일'이 된다. 항성일은 이제 좀 친숙할 것이다(230쪽 참고).

이처럼 별시간은 우리 모두의 시간을 지켜주는 기반*이지만 우리는 태양시를 기준으로 생활하기 때문에 대부분 그 사실을 모른다.

그런데 태양시간(Sun Time)을 가리키는 '태양시(Solar Time)'라는 용어는 명확한 표현은 아니다. 왜냐하면 용어 안에 '시태양시(視太陽時)'와 '평균태양시'라는 두 종류의 다른 개념이 들어 있기 때문이다. 평균태양시는 누구나 '표준시'로 알고 있는 특정 시간으로서 우리의 '일상 시간'을 말한다. 이 표준시를 이해하려면 먼저 시태양시의 의미를 알아야 한다.

'시태양시(Apparent Solar Time)'는 우리가 해시계를 볼 때의 시간이다. 태양이 실제로 자오선을 넘어갈 때 해시계는 '정오'를 가리킨다. 이처럼 태양이 자오선을 한 번 넘고 나서 다시 자오선을 넘을 때까지의 시간이 '시태양일(Apparent Solar Day)'이다(그런데 정오에 날짜가 바뀌는 걸 피하기 위해 시태양일을 자정부터 자정까지로 계산한다). 이것이 시간을 측정하는 분명하고 자연스러운 방법이고, 옛날에는 이 정도로 충분했다. 하지만 시태양일들의 길이가 균등하지 않아서 이 방법은 현대 세계에서 요구되는 정확하고 획일적인 시간 계측에는 맞지 않을 것이다. 매일 하늘을 건너

....

★ 지금은 최고의 정확도를 위해 '원자시계(Atomic Clock)'를 사용한다. 원자시계는 세슘 같은 특정 원자들의 전자기 방사선의 진동수로 시간의 기본 단위인 '초'를 측정한다. 이 시계는 천문 현상보다 더 지속적인 기반을 제공하지만, 이렇게 원자로 측정하는 시간 단위도 궁극적으로는 별에서 나온다.

가는 태양의 겉보기 운동은 한 해 내내 균일하지 않다.* 어떤 때는 태양이 약간 더 빠르게, 또 어떤 때는 약간 더 느리게 움직이는 것 같다. 따라서 달이 높이 떴다가 다시 높이 뜰 때까지의 시간 간격들도 길이가 제각각이다. 그 시간 차가 거의 1분이어서 만약 우리가 보는 해를 기준으로 시계가 간다면 그 시계는 해의 움직임에 따라 항상 빠르거나 느릴 것이다. 따라서 이는 실용적이지 않다.

게다가 시태양시는 엄밀히 말해 지역적이다. 겉으로 보이는 정오는 경도가 변할 때마다 바뀐다. 우리가 동쪽이나 서쪽으로 이동해 경도가 0.25도 달라질 때마다 (우리가 있는 위도에서는 약 21킬로미터 거리마다) 1분씩 빨라지거나 늦어진다.

이 두 가지 불편 중에서 먼저 시태양일의 길이가 균등하지 않

....

★ 유일한 이유는 아니지만 그중 하나는 지구가 태양을 중심으로 공전하는 궤도가 완벽한 원이 아니라 태양에 초점을 맞춘 약간의 타원이라는 점이다. 따라서 지구는 태양에 더 가까워지거나 더 멀어지기도 한다. 이처럼 지구가 태양과 더 가까워질 때는 그 궤도를 따라 더 빨리 이동하고, 더 멀어질 때는 더 천천히 이동하다 보니 태양이 약간 다른 속도로 하늘을 가로질러 이동하는 것처럼 보인다. 지구의 실제 공전에서 비롯되는 편차는 약 3퍼센트로 크지는 않다. 그림에서는 거의 알아챌 수 없는 수준이다. 지구가 태양에 가장 가까운 '근일점[Perihelion, 그리스어로 'peri'는 'near(가까운)'를, 'helios'는 'sun(태양)'을 뜻한다]'과 태양에서 가장 먼 '원일점[Aphelion, 'apo'는 'off(떨어져 있는)'를 뜻한다]'의 거리 차이는 500만 킬로미터가량이며, 지구와 태양의 평균 거리는 약 1억 5천만 킬로미터다. 따라서 북반구에서는 춘분부터 추분까지의 기간이 186일이고 추분부터 춘분까지의 기간은 179일로, 두 기간 역시 3퍼센트 정도 차이가 난다. 그런 이유로 북반구에서는 여름이 겨울보다 일주일 정도 길고, 남반구에서는 반대로 겨울이 여름보다 일주일 정도 길다.

은 문제를 극복하기 위해 천문학자들은 '평균태양시(Mean Solar Time)'를 확립했다. 그 기반은 1년 동안의 시태양일들의 평균 길이인 '평균태양일(Mean Solar Day)'★★이다. 평균태양일의 24시간은 우리 시계가 잘 조절될 때 보여주기로 되어 있는 시간이다. 우리 시계들이 째깍거리면서 알려주는 시분초가 바로 평균태양 시분초다.

그러나 아직 두 번째 불편이 남아 있었다. 평균태양일의 길이는 일정해졌지만 여전히 지역적이라는 문제가 있었다. 이런 종류의 시간을 일컫는 '지방 상용시(Local Civil Time)' 기준에서는 경도가 달라지면 정오가 바뀐다. 경도 0.25도마다 시정오 (apparent noon, 視正午)가 1분씩 차이가 나는 것이다. 이런 체계 아래 전 세계의 크고 작은 지역 사회에서는 각각 지방 상용시를 기반으로 한 시계들을 가지고 있었다. 이 때문에 국제적으로 표준시가 확립되기 전까지는 혼란이 끊이질 않았다.

'표준시(Standard Time)'는 1884년 워싱턴에서 열린 국제자오선회의(International Meridian Conference)를 시작으로 수십 년간 더디게 진행되면서 세계적으로 확립됐다. 그 결과, 세계는 이제 24개의 '시간대(Time Zone)'로 나뉘었다. 시간대는 경도 15도 단

. . . .

★★ 항성일이 태양일보다 3분 55.91초 짧다고 말할 때의 태양일이 바로 이 평균태양일이다. 정확히 말하면 태양분과 태양초다. 항성일은 24항성시간이며 항성시간도 당연히 같은 비율로 태양시간보다 짧다. 항성분과 항성초도 마찬가지다.

위로 구분되고(실질적인 이유로 약간의 변동은 있다) 인접한 두 시간대 사이에는 한 시간의 차이가 있다. 각 시간대의 시간은 그곳의 중앙 자오선 기준 평균태양시를 기초로 한다. '표준 자오선'인 경선에서는 표준시가 지방 상용시와 일치하지만 표준시의 기준인 중앙에서 시간대의 경계 쪽으로 평균 7.5도 이동하면 표준시와 지방 상용시는 30분 정도 달라진다. 이 때문에 어떤 시간대에서 동쪽 경계선에 가까이 있으면 표준시를 유지하는 시계가 그곳 지방 상용시에 비해 30분쯤 느리고, 서쪽 경계선에 가까이 있으면 30분쯤 빠르다. 앞서 설명한 대로 별을 보면서 시간을 알아내려고 하면 뚜렷한 차이를 보겠지만 만약 잘 안 된다 해도 너무 신경 쓸 필요는 없다.

지금으로선 시간과 관련된 문제들이 이렇게 정리되어 있고 아마 앞으로도 당분간 이대로 유지될 것이다.

분점의 세차

항성일을 정의하는 기준인 춘분점은 별들이 있는 천구에서 그 자리를 계속 지키고 있지 않다. 또한 별자리를 말할 때 현재 북극성인 폴라리스가 언제까지나 북극성이 아니며 천극이 이동하기 때문에 시기에 따라 다른 별들이 과거에 북극성이었거나 미래에 북극성이 될 것이라고 말했다. 그 예로 투반과 직녀별(베가)에 대해 말한 바가 있다.

이처럼 분점과 천극의 이동은 양상만 다를 뿐 일반적으로 '분점의 세차(歲差, Precession of the Equinoxes)'라고 알려진 하나의 같은 현상이다. 기원전 125년, 그리스의 천문학자 히파르쿠스가 일찍이 그 현상을 발견했지만 그로부터 1800년이 지난 뒤에야 아이작 뉴턴 경이 그것을 설명해냈다. 그 현상은 이런 것이다.

천극은 하늘에서 우리 행성 지구의 자전축이 가리키는 지점이면서 하늘이 그것을 따라 도는 것처럼 보이는 중심이다. 만약 지구가 완벽한 구라면 지구의 자전축은 언제나 같은 지점을 가리킬 것이다. 그러나 지구는 완벽한 구가 아니라 양극이 약간 납작하고 적도 부분은 볼록 튀어나왔다. 그래서 느리게 도는 팽이처럼 자전축이 요동하게 된다. 수직에서 23.5도 벗어난 자전축의 기울기는 지구의 공전 궤도면에 똑같이 유지되지만 자전축 자체는 깔때기 모양의 운동을 보여주면서 약 2만 5800년에 한 번 회전한다. 이런 상황을 모형으로 만들면 지구 자전축을 연장한 곳에 뾰족한 연필심이 생기고 그 연필심은 모형 하늘의 둥근 천장에 하나의 원을 그릴 것이다. 그 원은 그림 24의 맨 윗부분에 나온다. 이 원 위나 근처에 있는 별들이 2만 5800년의 세월 동안 돌아가면서 북극성이 된다. 지구 자전축의 요동이 완전히 한 번 이루어지는 이 기간을 '플라톤년(Platonic Year)' 또는 '대년(Great Year)'이라고 한다.

'폴라리스'는 이 원에 가장 가까운 별이고, 이 원을 따라 이동하는 천극은 현재 폴라리스에서 1도밖에 떨어져 있지 않다. 기록된 역사 안에서 보면 몇천 년 전에는 천극이 폴라리스에서 훨씬 더 멀리 떨어져 있었고 '용자리' 꼬리 부분에 있는 별인 '투반'에 훨씬 더 가까웠다. 따라서 피라미드들이 건설되던 기원전 3000년기(紀) 동안에는 이 투반이 북극성이었다.

다음 세기 동안에는 천극이 폴라리스에 훨씬 더 가까워지겠지만 시간이 흐를수록 폴라리스에서 점점 멀어질 것이다. 그러면 '케페우스자리'의 '감마별'과 '베타별', '알파별'이 그 자리를 이어받아 대략 2천 년, 4천 년, 6천 년 뒤에 북극성이 될 텐데 이 세 별은 그리 밝지 않아서 볼품이 없을 것이다. 하지만 약 8천 년 뒤에는 '백조자리'에 있는 1등성 '데네브'가 천극에 상당히 가까워져서 아마도 그때 우리 후손들은 데네브에게 영예로운 북극성의 지위를 안겨줄 것이다. 그 시기에 더 희미한 몇몇 별들이 천극에 더 가까워진다 해도 말이다. 그리고 1만 4천 년쯤에는 훨

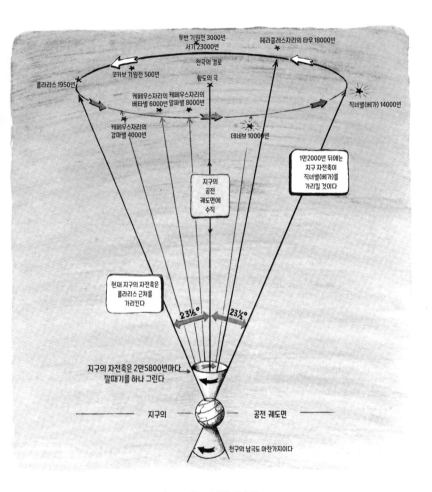

투반 기원전 3000년
서기 23000년

헤라클레스자리의 타우 18000년

천극의 경로

폴라리스 1950년

콘카브 기원전 500년

황도의 극

케페우스자리의 베타별 6000년

케페우스자리의 알파별 8000년

케페우스자리의 감마별 4000년

데네브 10000년

직녀별 (베가) 14000년

지구의 공전 궤도면에 수직

1만2000년 뒤에는 지구 자전축이 직녀별(베가)를 가리킬 것이다

현재 지구의 자전축은 폴라리스 근처를 가리킨다

23½°   23½°

지구의 자전축은 2만5800년마다 깔때기를 하나 그린다

지구의   공전 궤도면

천구의 남극도 마찬가지이다

그림 24: 지구 자전축의 요동

씬 더 반짝반짝 빛나는 별이 북극성의 후보가 될 예정인데, 바로 '거문고자리'의 '직녀별(베가)'이다. 1만 8천 년쯤에는 '헤라클레스자리'의 '타우'가 기회를 잡겠지만 타우는 4등성에 불과해 다시 궁색해진다. 그러다가 2만 3천 년쯤에는 투반이 다시 북극성에 등극할 테고 그 후로도 북극성의 자리는 이 별들이 계속 돌아가면서 맡게 될 것이다.

이 모든 일은 다소 멀게 느껴지는 사건들이지만 현대 기기를 이용하면 심지어 인간의 수명 내에서도 천극의 방랑벽이 초래하는 결과를 알아볼 수 있다. 그중 하나가 황도에 있는 두 분점의 이동이다. 지구의 자전축이 요동하면서 (천구의 양극에서 똑같은 거리에 있는) 천구의 적도 또한 따라 요동친다. 그 결과, 적도와 (요동하지 않는) 황도의 교차점인 춘분점과 추분점이 각각 현재 있는 '물고기자리'와 '처녀자리'에서 '물병자리'와 '사자자리' 쪽으로* 25년에 걸쳐 3분의 1도쯤 이동하는데 그 거리는 우리가 보기에 보름달 너비만 하다.

그러나 세차 운동 때문에 계속 이동하는 것이 천극과 분점만

....
★　우리의 평년인 태양년 동안 '태양'은 황도를 따라 '동쪽으로', 예컨대 물고기자리에서 양자리로, 황소자리로, 또 다음 별자리로 계속 이동한다. (그림 19 참고) 반면, 대년인 플라톤년 동안에는 '분점'이 '서쪽으로', 말하자면 춘분점이 양자리에서 물고기자리로 이동한다. 이는 지구 자전축의 요동이 지구의 공전 방향과 반대이기 때문이다. 그림 19와 24에 나오는 화살표를 비교해보라.

은 아니다. 적경은 춘분점에서부터 계산하고 적위는 천구의 적도에서부터 측정하기 때문에 이것들 역시 천구의 적도가 요동함에 따라 바뀌고, 별 지도들도 25년마다 수정하고 다시 디자인해야 한다. 그리고 앞서 232쪽에서 별의 적위가 바뀌지 않는다고 한 것도 정확히 하려면 이제는 오직 분점의 세차에 따라서만 변경된다고 정정해야 한다(그리고 뭔가 말해도 괜찮을 듯싶은 분위기 같아서 덧붙이자면, 별의 적위는 분점의 세차뿐 아니라 별의 고유 운동에 의해서도 변경된다. 그 문제는 320쪽에서 살펴볼 것이다). 수 세기에 걸친 이런 변화들은 상당하다. 예를 들면 기원전 3000년경에는 지금 우리가 있는 위도에선 보이지 않는 '남십자성'을 캐나다의 퀘벡과 프랑스의 파리에서 볼 수 있었을 것이다. 그 당시 퀘벡과 파리가 있었다면 말이다.

춘분점과 추분점 그리고 (당연히 역시 이동 중인) 하지점과 동지점은 계절의 시작을 알려주므로 별들과 관련된 계절도 플라톤년(대년)에 바뀐다. 지금은 태양이 '물고기자리'에 오면 봄이 시작되지만 몇천 년 전에는 태양이 '양자리'에 와야 봄이 시작됐다. 그래서 양자리는 황도 12궁을 설명할 때 오늘날까지도 첫 번째로 언급하는 별자리다. 또한 우리는 아직도 북회귀선을 '게자리'의 회귀선, 남회귀선을 '염소자리'의 회귀선이라고 부르지만 그와 관련된 하지점과 동지점은 현재 '쌍둥이자리'와 '사수자리'로 각각 옮겨왔다(그림 19 참고).

이것은 먼 미래에 여름이 12월에 온다는 의미가 아니다. 1년의 길이는 365.2422태양일로, 태양이 춘분점에서 출발해 다시 춘분점으로 돌아오기까지의 기간이다. 따라서 계절은 연중 제자리를 지킨다. 하지만 앞으로 1만 2천 년 후 직녀별(베가)이 북극성이 되면, 지금은 남쪽의 여름 밤하늘에 낮게 뜨는 사수자리와 전갈자리 같은 여름 별자리들이 겨울 밤하늘에 높이 뜰 것이다. 그리고 그때는 지금의 겨울 별이 여름 별이 되므로 쌍둥이자리는 남쪽 하늘에 낮게 뜰 것이고, 북위 40도에서 별을 보는 사람은 남십자성을 다시 볼 것이다.

황도 12궁과 행성

우리는 앞에서 황도가 '황도 12궁'이라 부르는 열두 별자리가 있는 지대를 관통하는 선(線)이라는 것을 살펴봤다(그림 19 참고). 별 보기를 하는 사람은 이 황도대 안에서 움직이는 '행성'들을 조심해야 한다는 점을 유념하자.

행성들이 늘 황도대 안에서 발견되는 이유는 태양 주위를 도는 그 궤도들이 지구의 공전 궤도면과 거의 같아서다. 최소한 이 책에서 신경 쓰는 '금성'과 '화성', '목성', '토성'에는 해당되는 얘기다. 이 행성들은 모두 밝고 맨눈으로 쉽게 볼 수 있으며* '수성'도 마찬가지다.

그림 25를 보면 행성들이 어떻게 배열되어 있는지 대강 알 수 있다. 물론 행성들의 크기와 태양까지의 거리가 실제 비율과는

....

★   나머지 두 행성인 천왕성과 해왕성은 망원경으로만 볼 수 있다(행성은 지구 외에 일곱 개가 있다).

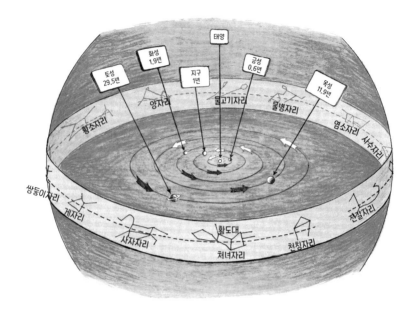

그림 25: 행성들의 배경이 되는 황도 12궁

맞지 않지만 말이다. 언제나 일정한 별자리들이 있는 황도대는 지구에서 볼 때 행성들이 영원히 떠돌아다니는 것처럼 보이는 배경을 만든다. 이 그림의 시점에서 화성은 양자리와 황소자리 사이에 나타나고, 토성은 사자자리에 있다. 그리고 목성은 전갈자리에서 보이지만 지구와 목성 사이에 태양이 있어 지구에서는 보이지 않을 테고, 금성도 마찬가지다. 금성의 궤도는 황도면에서 위아래로 기껏해야 3.4도쯤 벗어나고 나머지 세 행성의 궤도는 그보다 작게 벗어나므로 그림에 나오는 행성들은 모두 6.8도 높이의 황도대 안에서 발견된다. 그런 황도대의 한가운데는 마치 고속도로의 하얀 중앙선처럼 황도가 관통하고 있다. 아울러 달의 궤도도 지구의 궤도에서 5도 정도 벗어나 있으므로 달도 늘 황도대 안, 황도 가까이에서 이동한다.

황도나 그 근처에는 1등성이 네 개 있는데 레굴루스와 스피카, 안타레스, 알데바란이다. 그중 두 개 또는 세 개까지도 밤하늘에 동시에 떠 있을 때가 많다. 아울러 행성도 한 개 이상 있고, 달도 같이 있다. 이 모든 천체가 하늘을 가르며 마치 실에 줄줄이 꿴 것처럼 거의 일직선으로 (더 정확히 말하면 대원의 선에) 놓여 있는 광경을 본다면 바로 이 보이지 않는 실이 황도다. 이 경우에는 이미지를 쉽게 떠올릴 수 있다.

행성들은 모두 지구와 마찬가지로 태양 둘레를 서에서 동으로 돌기 때문에 황도대를 따라 동쪽으로 떠다니는 것처럼 보인다. 단, 지구에서 볼 때 왕복 코스로 운행하는 금성을 제외하면 그렇다. 태양과 지구 사이에 있는 금성은 태양에서 절대 멀리 떨어져 보이는 법이 없다(수성도 마찬가지다). 금성과 그림 25에는 없는 수성을 '내행성'이라고 한다. 그리고 지구보다 태양에서 더 멀리 떨어진 나머지 행성들은 '외행성'이라고 한다. 외행성이 태양 주위를 완전히 한 번 공전하려면(외행성의 공전 주기가 된다) 지구보다 시간이 더 필요해서 지구는 규칙적인 간격으로 외행성들을 추월하게 된다. 그림 25에서는 지구가 화성을 막 추월하려는 참이고 그다음에는 토성, 또 그다음에는 목성을 앞지를 것이다. 지구가 외행성 중 하나를 추월하면 그 행성은 동쪽으로 가던('순행'이라고 한다) 방향을 바꿔 한동안 서쪽으로 이동하는 것처럼 보인다. 이는 도로에서 앞차를 추월할 때 그 차가 잠시 뒤로 가는 것처럼 보이는 것과 같은 현상이다. 그러다가 그 외행성은 다시 방향을 돌려 지구가 다음번에 그 행성을 다시 추월할 때까지 동쪽으로 이동한다. 283~286쪽의 행성 일정표는 이런 행성의 '역행'을 뚜렷이 보여준다. 이와 같은 일이 벌어질 때마다 지구에 추월당한 행성은 지구에서 볼 때 태양의 정반대편에 있다[전문 용어를 쓰면 이런 상태를 '충(衝)'이라고 한다]. 따라서 그 행성은 자정쯤 최고 높이로 뜰 때 잘 볼 수 있다. 크기나 거리 등 행성에 대한 자세한 내용은 278~281쪽을 참고하기 바란다.

행성들은 오랫동안 인류를 당황하게 만들었다. 왜냐하면 별들의 일반적인 회전을 따르지 않고 제멋대로 이리저리 떠돌아다니는 것처럼 보였기 때문이다['Planet(행성)'은 'Wanderer(방랑자)'를 의미하는 그리스어다]. 행성들은 경외와 숭배의 대상이었다. 고대 근동 문명권에서는 한 주를 이루는 일곱 날 중 다섯 날의 이름을 행성들에서 따왔다(나머지 이틀은 태양과 달의 이름을 땄다). 하늘을 연구한 초기 개척자들은 행성들을 중심으로 미신의 거대한 본체를 형성했고, 그것은 오늘날 점성술*로 존속한다.

행성들이 그 사이를 떠돌아다니는 별자리들, 즉 황도 12궁은 그런 특별한 주목을 받으면서 득을 봤다. 심지어 오늘날에도 그 이름들은 별자리의 모양도, 위치도 모르는 많은 사람들에게까지 친숙하다.

4천 년 이상 거슬러 올라간 먼 옛날에는 아마도 이 열두 별자리가 동물을 나타낸다고 여긴 것 같다. 그래서 이 별자리들을 띠처럼 두른 전체 구역을 일컬어 '동물의 원(Animal Circle)'을 의미하는 그리스어에서 유래된 '조디악(Zodiac)'이라고 한다. 그런데 그 안에 포함된 처녀자리와 쌍둥이자리, 물병자리, 사수자리, 천칭자리에 대해서는 오늘날 그 명칭이 조금 어색하게 들리긴 하지만 아직까지 계속 쓰이고 있다. '땅꾼자리' 역시 부분적으로 황도대에 있는 열세 번째 별자리인데 무슨 까닭인지, 아마도 미신적인 이유로 황도 별자리로는 절대 언급되지 않는다.

황도 12궁은 278쪽처럼 양자리에서 시작하여 동쪽으로 진행된다.

....

★ 점성술은 오늘날 냉철한 사고방식을 가진 사람들 사이에서는 그다지 신용을 얻지 못하고 있다. 별과 행성의 위치와 인간사 사이의 직접적인 관련성을 인정하여 사람의 성격과 운명, 행위의 결과를 예측한다는 점성술의 주장은 근거가 없고 증명하기 어려운 것으로 여겨진다. 그런데 점성술과 천문학을 혼동하고 착각하는 경우가 많다. 천문학자들은 이런 현실에 분개하는데 그러는 것도 당연하다. 천문학은 자연 현상에 대해 이성적으로 분석하고 설명하며 지속적인 관측으로 확인하는 정밀 과학으로서 인간의 운명을 예언하는 척하지 않기 때문이다.

양자리	황소자리	쌍둥이자리	게자리
사자자리	처녀자리	천칭자리	전갈자리
사수자리	염소자리	물병자리	물고기자리

이 황도 12궁을 바른 순서대로 알면 도움이 된다. 이를테면 양자리는 황소자리 서쪽에 있고, 황소자리는 쌍둥이자리 서쪽에 있고, 기타 등등. 그래서 하나를 찾아내면 그 이웃 별자리들을 쉽게 찾을 수 있다. 다음에 나오는 말도 안 되는 이야기를 읊조리다 보면 기억하는 데 도움이 될지도 모르겠다.

양처럼 순하지만 황소고집인 쌍둥이가 바닷가에서 게를 보았네.
사자 위에 올라탄 처녀가 천칭을 들고 사막에서 전갈과 마주쳤네.
사수가 활로 염소를 쏘고 나서 물병에 있던 물고기를 놓아주었네.

이 이야기는 과학적으로 들리지는 않지만 그래도 효과가 있으면 그것으로도 충분하다.

★　★　★

그림 26은 '여덟 행성'이 태양과 비교해 실제 비율대로 나와 있다. 그래서 태양의 크기를 같은 축소 비율로 온전히 나타내면 지름이 60센티미터 남짓한 비치볼 크기가 될 것이다. 수성과 금

성을 제외한 모든 행성이 자기 주변을 도는 '위성'이나 '달'을 거느리고 있다. 목성은 달이 79개 있다(그중 넷은 8배율 쌍안경으로 볼 수 있으니 기회를 놓치지 말자). 토성은 달이 최소 82개다. 토성의 유명한 고리를 형성하는 무수히 많은 작은 달들을 달로서 세지 않는다면 말이다.

목성과 천왕성, 해왕성도 고리가 있지만 토성의 고리보다 훨씬 희미하다. 목성과, 토성, 천왕성, 해왕성은 함께 '거대 가스 행성'을 구성한다. 이 네 행성은 주로 가스로 이루어져 있고 눈에 보이는 특징도 가스체이기 때문이다. 앞서 말했듯이 천왕성과 해왕성은 맨눈으로는 볼 수 없다.

'소행성[Asteroid(작은 별), 'star(별)'를 의미하는 라틴어 'astrum'에서 나왔다]'은 화성과 목성 사이에 있는 '소행성대(Asteroid Belt)'에서 태양 주위를 도는 작은 암석 천체다. 그중에서 가장 큰 '세레스(Ceres)'는 지름이 약 970킬로미터이고 왜행성이라 불릴 만큼 둥글지만, 많은 소행성들이 그보다 훨씬 작고 지름이 1.5킬로미터도 채 되지 않는다. 소행성은 맨눈으로는 볼 수 없지만★ 지금까지 망원경을 사용해 수십만 개의 소행성들을 찾아냈는데 실제로는 수백만 개가 존재할 것으로 생각된다.

....

★ 소행성 '베스타(Vesta)'는 노련한 관찰자라면 가끔 맨눈으로 볼 수 있다. 아주 드물지만 근지구소행성은 육안으로 보일 만큼 지구와 가까운 거리에서 지나갈 것이다.

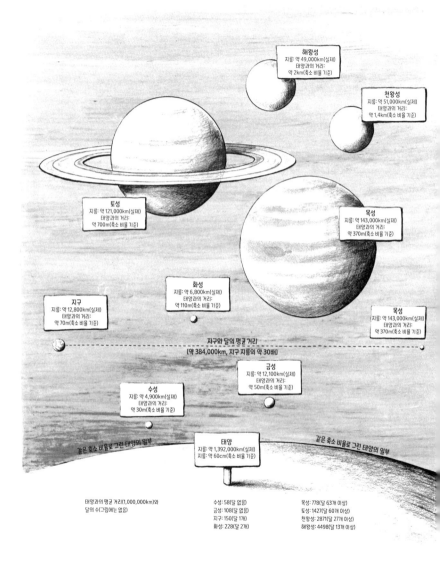

해왕성
지름: 약 49,000km(실제)
태양과의 거리:
약 2km(축소 비율 기준)

천왕성
지름: 약 51,000km(실제)
태양과의 거리:
약 1.4km(축소 비율 기준)

토성
지름: 약 121,000km(실제)
태양과의 거리:
약 700m(축소 비율 기준)

목성
지름: 약 143,000km(실제)
태양과의 거리:
약 370m(축소 비율 기준)

화성
지름: 약 6,800km(실제)
태양과의 거리:
약 110m(축소 비율 기준)

지구
지름: 약 12,800km(실제)
태양과의 거리:
약 70m(축소 비율 기준)

목성
지름: 약 143,000km(실제)
태양과의 거리:
약 370m(축소 비율 기준)

지구와 달의 평균 거리
(약 384,000km, 지구 지름의 약 30배)

금성
지름: 약 12,100km(실제)
태양과의 거리:
약 50m(축소 비율 기준)

수성
지름: 약 4,900km(실제)
태양과의 거리:
약 30m(축소 비율 기준)

같은 축소 비율로 그린 태양의 일부

태양
지름: 약 1,392,000km(실제)
지름: 약 60cm(축소 비율 기준)

같은 축소 비율로 그린 태양의 일부

태양과의 평균 거리(1,000,000km)와
달의 수(그림에는 없음)

수성: 58(달 없음)
금성: 108(달 없음)
지구: 150(달 1개)
화성: 228(달 2개)

목성: 778(달 63개 이상)
토성: 1427(달 60개 이상)
천왕성: 2871(달 27개 이상)
해왕성: 4498(달 13개 이상)

그림 26: 태양과 행성들

때때로 어떤 소행성들은 소행성대 바깥을 떠돌다가 우연히 지구 궤도로 들어온다. 그런 '근지구소행성(Near-Earth Asteroid)'들은 심지어 지구와 충돌해 엄청난 에너지를 방출함으로써 지구적 규모의 멸종을 야기할 수도 있다. 사실 공룡들이 그로 인해 최후를 맞았다고 생각된다.

소행성의 기원은 아직까지도 수수께끼로 남아 있다. 소행성들은 한때 화성과 목성 사이에서 태양 주위를 돌다가 산산이 부서진 어느 행성의 조각들일까? 아니, 어쩌면 천체의 궤도에 변화를 일으키는 어떤 섭동력(攝動力) 때문에 더 큰 단일 행성으로 응축하지 못했던, 태양계 생성 초기의 물질 덩어리일 가능성이 더 클지도 모르겠다. 어쨌거나 소행성의 정확한 기원은 여전히 논쟁거리다.

천체들이 모여 있는 비슷한 지대 하나가 해왕성 너머에서 발견되었는데, 지구에서 태양까지 거리의 50배 정도 떨어진 먼 곳이다. 태양계 안에 있는 이 지역은 천문학자 제러드 카이퍼(Gerard Kuiper)의 이름을 따서 '카이퍼대(Kuiper Belt)'로 알려져 있으며 명왕성이 그 일원이다. 소행성대가 암석체로 가득한 반면, 카이퍼대는 얼음으로 덮인 차가운 천체로 가득 차 있다. 그 중 많은 천체들이 꽤 크고 궤도가 많이 기울어 있다. 카이퍼대 바로 바깥에는 비슷한 얼음 형상이긴 하지만 궤도가 훨씬 더 기울어진 천체들이 얇은 원반 모양을 이루고 있다. 바로 여기서

'에리스(Eris)'가 발견되었는데, 에리스는 아마 명왕성보다 더 클 것이다. 해왕성 너머의 태양계에 대해서는 이제 막 조금씩 알아가고 있다.

행성과 소행성, 카이퍼대 외에도 우리 태양계를 형성하는 주요 천체 집단이 하나 더 있다. 바로 '혜성(또는 꼬리별, Comet)'이다. 그중 몇 개는 맨눈으로 볼 수 있을 정도로 밝고(드물지만 금성보다 밝거나 심지어 낮에도 보일 만큼 밝은 혜성도 있다), 그 출현 소식이 언론을 통해 알려지므로 그것들을 놓칠 위험은 없다.

그러나 대부분의 혜성은 매우 희미해서 그것들을 관찰하려면 망원경이 필요하다. 더구나 혜성의 궤도는 지구의 궤도를 향해 다양한 각도로 기울어 있어서 행성처럼 꼭 황도 근처가 아니라 하늘 어디에서든 나타날 수 있다.

어떤 혜성들은 카이퍼대에서 왔다고 여기지만, 어떤 혜성들은 가설이긴 해도 '오르트 구름(Oort Cloud)'에서 왔다고 보기도 한다. 천문학자 얀 헨드릭 오르트(Jan Hendrik Oort)의 이름을 딴 오르트 구름은 얼음 천체들로 이루어진 거대한 무리로 거의 1광년 떨어진 태양 둘레를 돈다.

행성 일정표

2017~2026년* 매달 1일 무렵 행성의 위치

	금성	화성	목성	토성
2017년 1월	물병자리(저녁)	물병자리	처녀자리	땅꾼자리
2월	물고기자리(저녁)	물고기자리	처녀자리	땅꾼자리
3월	물고기자리(저녁)	물고기자리	처녀자리	사수자리
4월	물고기자리(아침)	양자리	처녀자리	사수자리
5월	물고기자리(아침)	황소자리	처녀자리	사수자리
6월	물고기자리(아침)	황소자리	처녀자리	땅꾼자리
7월	황소자리(아침)	쌍둥이자리	처녀자리	땅꾼자리
8월	쌍둥이자리(아침)	게자리	처녀자리	땅꾼자리
9월	게자리(아침)	사자자리	처녀자리	땅꾼자리
10월	사자자리(아침)	사자자리	처녀자리	땅꾼자리
11월	처녀자리(아침)	처녀자리	처녀자리	땅꾼자리
12월	천칭자리(아침)	처녀자리	천칭자리	사수자리
2018년 1월	사수자리(X)	천칭자리	천칭자리	사수자리
2월	염소자리(X)	전갈자리	천칭자리	사수자리
3월	물병자리(저녁)	땅꾼자리	천칭자리	사수자리
4월	양자리(저녁)	사수자리	천칭자리	사수자리
5월	황소자리(저녁)	사수자리	천칭자리	사수자리
6월	쌍둥이자리(저녁)	염소자리	천칭자리	사수자리
7월	사자자리(저녁)	염소자리	천칭자리	사수자리
8월	처녀자리(저녁)	염소자리	천칭자리	사수자리
9월	처녀자리(저녁)	염소자리	천칭자리	사수자리
10월	천칭자리(저녁)	염소자리	천칭자리	사수자리
11월	처녀자리(아침)	염소자리	천칭자리	사수자리
12월	처녀자리(아침)	물병자리	전갈자리	사수자리
2019년 1월	천칭자리(아침)	물고기자리	땅꾼자리	사수자리
2월	사수자리(아침)	물고기자리	땅꾼자리	사수자리
3월	염소자리(아침)	양자리	땅꾼자리	사수자리
4월	물병자리(아침)	황소자리	땅꾼자리	사수자리
5월	물고기자리(아침)	황소자리	땅꾼자리	사수자리
6월	양자리(아침)	쌍둥이자리	땅꾼자리	사수자리
7월	황소자리(아침)	게자리	땅꾼자리	사수자리
8월	게자리(X)	사자자리	땅꾼자리	사수자리
9월	사자자리(X)	사자자리	땅꾼자리	사수자리
10월	처녀자리(저녁)	처녀자리	땅꾼자리	사수자리
11월	전갈자리(저녁)	처녀자리	땅꾼자리	사수자리
12월	사수자리(저녁)	천칭자리	사수자리	사수자리

	금성	화성	목성	토성
2020년 1월	염소자리(저녁)	천칭자리	사수자리	사수자리
2월	물병자리(저녁)	땅꾼자리	사수자리	사수자리
3월	물고기자리(저녁)	사수자리	사수자리	사수자리
4월	황소자리(저녁)	염소자리	사수자리	염소자리
5월	황소자리(저녁)	염소자리	사수자리	염소자리
6월	황소자리(X)	물병자리	사수자리	염소자리
7월	황소자리(아침)	물고기자리	사수자리	염소자리
8월	황소자리(아침)	물고기자리	사수자리	사수자리
9월	쌍둥이자리(아침)	물고기자리	사수자리	사수자리
10월	사자자리(아침)	물고기자리	사수자리	사수자리
11월	처녀자리(아침)	물고기자리	사수자리	사수자리
12월	천칭자리(아침)	물고기자리	사수자리	사수자리
2021년 1월	땅꾼자리(아침)	물고기자리	염소자리	염소자리
2월	염소자리(아침)	양자리	염소자리	염소자리
3월	물병자리(X)	황소자리	염소자리	염소자리
4월	물고기자리(X)	황소자리	염소자리	염소자리
5월	양자리(저녁)	쌍둥이자리	물병자리	염소자리
6월	황소자리(저녁)	쌍둥이자리	물병자리	염소자리
7월	게자리(저녁)	게자리	물병자리	염소자리
8월	사자자리(저녁)	사자자리	물병자리	염소자리
9월	처녀자리(저녁)	사자자리	염소자리	염소자리
10월	천칭자리(저녁)	처녀자리	염소자리	염소자리
11월	사수자리(저녁)	처녀자리	염소자리	염소자리
12월	사수자리(저녁)	천칭자리	염소자리	염소자리

　행성 일정표에서 관찰 시기에 행성이 나온 별자리를 볼 수 있는지 별자리 달력 지도에서 확인한다. 화성, 목성, 토성의 '역행 시기(273쪽 참고)'를 살핀다. 그 시기의 중간쯤에는 행성, 지

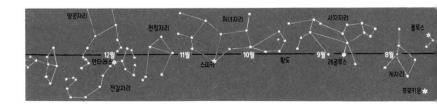

	금성	화성	목성	토성
2022년 1월	사수자리(저녁)	땅꾼자리	물병자리	염소자리
2월	사수자리(아침)	사수자리	물병자리	염소자리
3월	사수자리(아침)	사수자리	물병자리	염소자리
4월	염소자리(아침)	염소자리	물병자리	염소자리
5월	물고기자리(아침)	물병자리	물고기자리	염소자리
6월	양자리(아침)	물고기자리	물고기자리	염소자리
7월	황소자리(아침)	물고기자리	whal(저녁)	염소자리
8월	쌍둥이자리(아침)	양자리	whal(저녁)	염소자리
9월	사자자리(아침)	황소자리	물고기자리	염소자리
10월	처녀자리(X)	황소자리	물고기자리	염소자리
11월	천칭자리(X)	황소자리	물고기자리	염소자리
12월	땅꾼자리(저녁)	황소자리	물고기자리	염소자리
2023년 1월	사수자리(저녁)	황소자리	물고기자리	염소자리
2월	물병자리(저녁)	황소자리	물고기자리	염소자리
3월	물고기자리(저녁)	황소자리	물고기자리	물병자리
4월	양자리(저녁)	쌍둥이자리	물고기자리	물병자리
5월	황소자리(저녁)	쌍둥이자리	물고기자리	물병자리
6월	쌍둥이자리(저녁)	게자리	양자리	물병자리
7월	사자자리(저녁)	사자자리	양자리	물병자리
8월	사자자리(저녁)	사자자리	양자리	물병자리
9월	게자리(아침)	처녀자리	양자리	물병자리
10월	사자자리(아침)	처녀자리	양자리	물병자리
11월	사자자리(아침)	천칭자리	양자리	물병자리
12월	처녀자리(아침)	전갈자리	양자리	물병자리

구, 태양이 일직선 위에 놓이는 '충(衝)'이 일어나고 그 행성은 다른 때보다 지구에 더 가까워서 더 밝아 보인다. 화성이 특히 그런데, 그 이유는 지구에서 화성까지의 거리 변화가 너무 커서다.

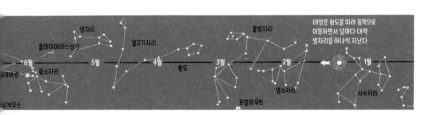

그림 27: 매달 1일 무렵 황도대에서 태양의 위치

	금성	화성	목성	토성
2024년 1월	전갈자리(아침)	사수자리	양자리	물병자리
2월	사수자리(아침)	사수자리	양자리	물병자리
3월	염소자리(아침)	염소자리	양자리	물병자리
4월	물고기자리(아침)	물병자리	양자리	물병자리
5월	양자리(아침)	물고기자리	황소자리	물병자리
6월	황소자리(X)	물고기자리	황소자리	물병자리
7월	쌍둥이자리(저녁)	양자리	황소자리	물병자리
8월	사자자리(저녁)	황소자리	황소자리	물병자리
9월	처녀자리(저녁)	황소자리	황소자리	물병자리
10월	천칭자리(저녁)	쌍둥이자리	황소자리	물병자리
11월	땅꾼자리(저녁)	게자리	황소자리	물병자리
12월	사수자리(저녁)	게자리	황소자리	물병자리
2025년 1월	물병자리(저녁)	게자리	황소자리	물병자리
2월	물고기자리(저녁)	쌍둥이자리	황소자리	물병자리
3월	물고기자리(저녁)	쌍둥이자리	황소자리	물병자리
4월	물고기자리(아침)	쌍둥이자리	황소자리	물병자리
5월	물고기자리(아침)	게자리	황소자리	물고기자리
6월	물고기자리(아침)	사자자리	황소자리	물고기자리
7월	황소자리(아침)	사자자리	쌍둥이자리	물고기자리
8월	쌍둥이자리(아침)	처녀자리	쌍둥이자리	물고기자리
9월	게자리(아침)	처녀자리	쌍둥이자리	물고기자리
10월	사자자리(아침)	처녀자리	쌍둥이자리	물병자리
11월	처녀자리(아침)	천칭자리	쌍둥이자리	물병자리
12월	천칭자리(아침)	땅꾼자리	쌍둥이자리	물병자리
2026년 1월	사수자리(X)	사수자리	쌍둥이자리	물병자리
2월	염소자리(X)	염소자리	쌍둥이자리	물고기자리
3월	물병자리(저녁)	물병자리	쌍둥이자리	물고기자리
4월	양자리(저녁)	물병자리	쌍둥이자리	물고기자리
5월	황소자리(저녁)	물고기자리	쌍둥이자리	고래자리
6월	쌍둥이자리(저녁)	양자리	쌍둥이자리	고래자리
7월	사자자리(저녁)	황소자리	게자리	물고기자리
8월	천칭자리(저녁)	황소자리	게자리	물고기자리
9월	천칭자리(저녁)	쌍둥이자리	게자리	물고기자리
10월	천칭자리(저녁)	게자리	사자자리	고래자리
11월	천칭자리(아침)	사자자리	사자자리	고래자리
12월	천칭자리(아침)	사자자리	사자자리	고래자리

화성의 충은 25~26개월 간격으로 일어난다. 금성은 내행성이어서 충이 될 수 없지만 금성을 찾기는 쉽다. 금성은 언제나 하늘에서 어느 별보다도 훨씬 밝고 심지어 해 질 무렵에도 자주 보이기 때문이다. 표에 나온 금성 줄에서 '저녁' 표시는 금성이 저녁별일 때, '아침' 표시는 새벽별일 때를 의미한다. 'x' 표시는 금성이 태양과 너무 가까워 잘 보이지 않거나 아예 볼 수 없는 경우를 뜻한다. 만약 행성이 있는 별자리나 그 근처에 태양이 있다면 낮이기 때문에 행성은 보이지 않는다. 이 장 맨 아래에 있는 띠 모양의 그림에서는 어느 해나 매달 1일 무렵 태양의 위치를 보여준다.

만일 어떤 행성이 땅꾼자리에 있다면 전갈자리 바로 위에서 행성을 찾는다. 전갈자리 별들이 땅꾼자리 별들보다 더 밝아서 찾기가 더 쉽기 때문이다.

* 2026년도 이후의 행성 위치를 찾으려면 아래 웹사이트를 이용하기 바란다. hmhbooks.com/constellations

달

별에 관한 책에서 달을 홀대할 수 없다. 달을 어떻게 찾는지 알려줄 필요는 없겠지만. 달의 가장 인상적인 점은 그 위상(位相, Phase)이다. 달의 위상이 언제 어떻게 변화하는지 기억을 되살리고 싶은 사람에게는 다음의 개요가 도움이 될 것이다.

해와 별처럼 달도 동쪽에서 뜨고 서쪽으로 진다. 지구가 서에서 동으로 자전하면서 생긴 결과다. 하지만 달도 서에서 동으로 지구 주위를 공전하며, 이와 같은 달의 공전은 겉보기에 지구 자전의 영향을 감소시킨다. 그 결과, 달은 우리가 알아차릴 정도로 해나 별보다 더 천천히 하늘을 가로질러 이동하는 것처럼 보인다. 그래서 달의 일정은 언뜻 보면 규칙적이지 않다. 달은 대체로 매일 전날보다 50분쯤 늦게 뜨고, 질 때도 그에 맞춰 늦게 진다. 이렇게 매일 '지연'이라고 부르는 현상 때문에 달은 해와 보조가 맞지 않게 되고 한 달, 아니 더 정확하게는 29.5일이 지나야 다시 보조가 맞춰진다. 이 29.5일이라는 주기는 태양일로 따진 기간이고, 달의 실제 공전 속도인 항성일 27.3일보다 조금 더 길다. 이처럼 태양일이 더 긴 이유는, 달이 한 번 공전하는 동안 이루어지는 지구 – 달 체제의 이동을 태양과 비교하는 새로운 지구 – 태양 노선에 놓고 보았을 때 이틀이 더 필요해서다(그림 28 참고).

달의 일정을 한 주기 동안 죽 따라가보면 덜 당황스러울 것이다. 그러니 간단히 그 작업을 해보자. 더구나 신월일 때가 아니라면 햇빛이 밝게 비칠 때도 달을 볼 수 있기★ 때문에 그 일은 실제로 쉽다. 사실 달은 밤하늘에만 붙박여 있지 않고, 밤낮에 걸쳐 고르게 그 모습을 드러낸다.

신월(New Moon) **또는 삭**(朔) 초하룻날, 달은 지구와 태양 사이에 놓이고(그림 28 참고) 하늘에서 태양과 같은 지역에 나타난다. 따라서 대략 해가 뜰 때 달도 뜨고 해가 질 때 달도 진다. 이때는 엄밀히 말해 달이 낮 하늘에

………

★ 이 사실 덕분에 그리스의 천문학자이자 고금을 통틀어 가장 위대한 과학 천재들 중 한 명인 아리스타르코스(Aristarchos, 기원전 약 310~250년)가 지구와 태양의 거리를 최초로 측정할 수 있었다. 그는 달이 정확히 반달일 때 태양과 달과 지구가 직각삼각형으로 놓여 있다고 추론했다. 지구와 달의 거리는 알고 있었기 때문에(실제로 그가 계산한 값은 참값에 아주 가까웠다) 지구와 태양의 거리를 알아내려면 달을 보는 시선과 태양을 보는 시선 간의 각도만 측정하면 됐다. 그의 추론은 맞았지만 정확성이 필요한 각도를 잴 수 있는 기구가 부족하다 보니 계산 결과는 참값의 약 12분의 1밖에 되지 않았다.

만 붙박여 있는데 눈에 보이지 않는 이유는 오로지 달에서 우리가 보는 면의 반대쪽에 햇빛이 비쳐서다. 우리가 달에서 햇빛을 받지 않는 면을 볼 수 없는 것은, 달 자체가 빛을 내지 않고 행성들처럼 태양의 반사광으로 빛나서다. 이 점을 짚고 넘어가자. 달에서 영구적으로 어두운 면은 없다. 지구가 24시간 동안 그렇듯이, 달도 29.5일을 주기로 모든 부분이 골고루 햇빛을 받는다.

초승달

초승달(Waxing Crescent) 신월 이후로 며칠이 지나면 달은 그새 매일 발생한 지연 때문에 해보다 몇 시간 늦은 오전에 뜬다. 모양은 오른쪽에서 빛을 받아 생긴 얇은 모습이다. 초승달은 낮에도 계속 하늘에 떠 있으니 한번 찾아보라. 해와 너무 멀지 않은 곳에서 해를 따라가고 있다. 해 질 무렵에는* 서쪽 하늘에 낮게 떠 있다가 해가 지면 몇 시간 뒤 이른 밤에 진다. 이 단계의 달은 그리 밝지 않아서 별 보기에 큰 지장을 주지 않을뿐더러 이내 사라져서 대체로 달 없는 밤을 선사한다.

········

★ 이 단계에서는 종종 초승달 바깥쪽 달의 나머지 부분이 희미하게 비쳐 보인다. 이런 광경을 두고 "헌 달이 새 달의 품에 안겼다(the old moon in the new moon's arms)"라고 애교 있게 표현하는 것이다. 그 희미한 빛은 지구가 달을 비추면서 나오는 지구 빛의 반사광이다. 물론 지구 빛은 애초에 반사된 햇빛에 불과하므로 여기에는 '두 번 반사된' 햇빛이 있는 셈이다.

상현달

상현달(First Quarter) 신월 이후로 7~8일이 지나면 달이 하늘에서 빛나는 시간은 낮이 반, 밤이 반이다. 이제 달은 해보다 약 여섯 시간 늦은 정오쯤에 떠서 오후 동안 하늘 높이 솟아오르고 해와는 하늘의 반 정도 거리가 생긴다. 해 질 녘에 가장 높이 떠서 밤의 전반부를 빛낸다. 우리에게는 '반달'이라는 말이 친숙하지만 전문적 표현은 '상현달'이다. 달이 계속 차오르면 '볼록달'이 된다.

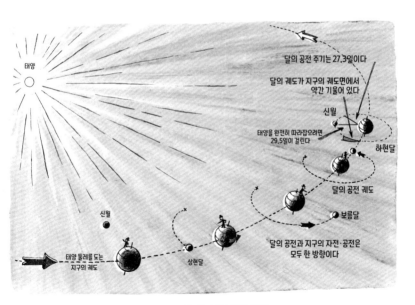

그림 28: 달의 위상 변화

차는 볼록달

볼록달(Gibbous) '혹(hump)'을 뜻하는 라틴어 'gibbus'에서 유래되었다. 잘 들어보지 못한 말이지만 이게 정확한 용어다. 오후 느지막이 떠서 새벽이 조금 넘어서까지 환하게 빛나다 보니 많은 별들을 가려버린다. 신월 이후로 2주가 지난 시점에서 보름달이 된다.

보름달

보름달(Full Moon) **또는 망**(望) 당연히 아름답고 시적인 정취를 자아내지만 별을 보는 사람에게는 두 가지 면에서 골칫거리다. 첫째, 최고로 밝은 달이어서 가장 밝은 별들을 제외하고 모든 별들을 가려버린다. 둘째, 밤새 빛난다. 하늘에서 태양과 반대편에 있어 해 질 무렵에 뜨고 해 뜰 무렵에 진다.

하현달

하현달(Last Quarter) 이제부터는 모든 게 정반대로 진행되면서 달이 기울기 시작한다. 태양이 달의 왼쪽 면을 비추면서 처음에는 볼록달이 되었다가 '하현달', 즉 다시 반달이 된다. 이때가 신월 이후로 '3주가 지난' 시점이다. 이제 달은 한밤중에 떠올라 정오쯤 지면서 다가오는 날의 태양을 여섯 시간 정도 앞선다. 그래서 달이 없는 이른 밤에는 아무런 장애 없이 별을 볼 수 있다.

그믐달 **그믐달**(Waning Crescent) 매일 밤 약 50분씩 더 늦게 뜨면서 다시 얇은 초승달이 된다. 이번에는 C 모양의 초승달이지만(달이 차오를 때는 D 모양에서 곡선 부분과 닮은 초승달이다)＊ 이른 새벽 시간에 달이 뜨는 것을 볼 수 있는 사람은 거의 없다. 그믐달은 주로 올빼미, 박쥐, 고양이 등을 위해 빛난다. 하지만 낮에는 달을 충분히 오래 볼 수 있다. 달이 오후까지 하늘에 남아 있기 때문이다. 해는 그 어느 때보다 달을 바짝 쫓아간다. 그리고 지난번 신월 이후로 4주가 지나면 다시 신월이 되어 모든 과정이 새롭게 시작된다.

달은 위상 변화라는 구경거리 외에 밤하늘에서 펼쳐지는 가장 감동적인 쇼도 맡고 있다. 바로 '일식(Eclipse of the Sun)'이다.

행성들과 마찬가지로 달의 궤도도 지구의 궤도에서 약간 기울어 있다. 그리고 두 궤도는 두 지점에서 만나는데, 그 지점을 '교점(Node)'이라고 한다. '신월'인 초하루에 달이 두 교점 중 하나를 통과하면 정확히 태양과 지구 사이에 잠시 놓이면서 태양의 중심과 달의 중심이 일치하는 '중심식(Central Eclipse)'이 일어난다.

엄청난 우연의 일치로 달의 겉보기 크기는 시직경(視直徑) 약 0.5도로 태양과 거의 같다. 하지만 달의 궤도는 약간 기울어 있

....

★ 기억을 돕기 위해 모양을 이용해볼 수 있다. 차오르는 '초승달'은 힘이 커지면서 D 모양이 되니까 'Daring(대담하다)'의 첫소리 'D(ㄷ)'를 기억하고, 이지러지는 '그믐달'은 기운이 빠지는 느낌이 들면서 C 모양이 되니까 'Coy(쑥스럽다)'의 첫소리 'C(ㅆ)'를 기억하는 것이다.

293

고 지구와의 거리에도 변동이 있다. 그래서 달은 지구와 가장 가까울 때는 태양보다 약간 커 보이지만 가장 멀 때는 태양보다 약간 작아 보인다. 게다가 태양의 겉보기 크기도 다양해서(264쪽의 '근일점'과 '원일점' 참고) 큰 달이 작은 태양 앞을 지날 때는 태양이 몇 분 동안 완전히 가려지기도 한다. 이런 중심식을 '개기일식(Total Eclipse)'이라고 하며, 이때 하늘은 가장 밝은 별들이 드러날 정도로 어두워진다. 만약 작은 달이 큰 태양 앞을 지나가면 태양의 중심에 이르렀을 때 검은 달 주위로 태양의 얇은 가장자리가 보이는데, 이런 중심식은 반지를 닮은 형상이어서 '금환일식(Annular Eclipse)'이라고 한다. 신월일 때 달이 정학히 교점에 있지는 않아도 충분히 가까워서 원반처럼 생긴 달의 일부가 태양의 일부를 가리면 '부분일식(Partial Eclipse)'이 일어난다.

반면 '월식(Eclipse of the Moon)'은 '보름달'이 교점과 일치할 때 일어난다. 그때는 지구가 정확히 태양과 달 사이에 놓여 달에 지구의 그림자가 드리운다. 고대 칼데아인이 발견했던 것처럼 일식과 월식은 둘 다 정기적으로 반복되며, 그런 현상을 일으키는 모든 변수가 잘 알려져 있기 때문에 정확히 예측할 수 있다.

대략 18년 11일의 주기 동안 29차례의 월식과 41차례의 일식(그중 31차례는 부분일식이고 10차례는 중심식)이 일어난다. 이런 월식과 일식의 순환 주기를 '사로스(Saros)'라고 하는데 사로스는 칼데아어로 '반복'을 의미한다. 하지만 비록 일식이 더 자주 발생

해도 월식을 볼 가능성이 더 크다. 왜냐하면 태양에 달의 그림자
가 드리우는 개기일식은 상대적으로 지구의 좁은 지역에서만 볼
수 있는 데 반해 지구가 달 쪽을 보는 위치에서 발생하는 월식은
그 순간에 지구의 절반 지역에서 볼 수 있기 때문이다.

달의 궤도면이 지구의 궤도면과 완전히 나란하게 놓여 있다면
당연히 신월 때마다 개기일식이 일어나고 보름달일 때마다 월식
이 일어난다. 만약 그렇다고 가정하면 별을 보는 현대인들은 기
뻐하겠지만 우리 선조들은 사뭇 다르게 느낄 것이다. 일식과 월
식이 왜 발생하는지 몰랐던 선조들은 그런 현상을 보면서 몹시
심란했기 때문이다.

기원전 1만 9500년 무렵의 일식

엄폐(掩蔽) 달은 별들보다 더 천천히 하늘을 가로질러 이동하며 '별들에 비해' 동쪽으로 멀어지는 것처럼 보이지만 전반적인 진행 방향은 당연히 서쪽이다. 그 과정에서 달의 궤도에 있는 별들이 달을 따라잡는다. 바꾸어 말하면 달이 별들에 뒤처지는 것이고 그 별들은 한동안 달에 가려 있다. 그런 현상을 성식(星蝕, Eclipse of the Star)이라 부르기도 하지만 그것을 일컫는 용어는 '숨김'이라는 뜻의 라틴어에서 온 '엄폐(Occultation)'다. 엄폐는 꽤 자주 일어난다. 달이 황도대를 따라 이동하면서(달의 궤도면이 황도면에서 5도 이상 벗어나지 않는다) 가릴 수 있는 밝은 별들이 몇 개 있는데, 알데바란과 레굴루스, 안타레스, 플레이아데스성단이다. 그리고 달은 이따금 행성도 가린다. 지면에 발표되는 내용을 보면 그 광경이 실제만큼 흥미를 끌지는 않아도 충분히 지켜볼 만한 가치가 있고 망원경이나 쌍안경이 없어도 즐길 수 있다. 그 방법은 그냥 달과 함께 위에서 언급한 별들 중 하나에 계속 눈을 떼지 않으면 된다. 이때 달은 완전한 보름달이거나 보름달에 가깝지 않아야 더 좋고 별은 달 근처 동쪽에 있어야 한다.

달은 매시간 보름달 너비 정도로 **빠르게** 뒤처지다가 어느새 눈에 띌 정도로 그 별에 접근한다. 달이 언제까지나 별을 숨기고 있지는 않을 것이다. 별이 달의 위아래나 옆으로 슬며시 **빠져나**올 수도 있으니 말이다. 이런 현상은 달의 변화하는 적위에 달려 있지만 상황이 '딱' 맞아떨어지면 별은 달 가까이로 살그머니 다

온다~   사라졌다!   다시 나타났다

그림 29: 엄폐

가간다. 그러다가 달에서 빛이 없고 보이지 않는 반쪽 부분에 이르러서는* 스위치가 '탁' 꺼진 것처럼 갑자기 사라졌다가 길어야 한 시간쯤 지나 달의 맞은편에서 또 불쑥 '짠' 하고 나타난다.

달과 지구 잘 알려진 대로 달은 지구에 늘 같은 면을 보여준다. 사실 달이 그러는 게 아니라 지구 때문이다. 아마도 달은 지구와 아주 가까운 곳에서 만들어졌을 텐데 이때 지구의 중력이 달을 잡아당겨 달의 자전 주기와 공전 주기가 정확히 일치하도록 재빨리 고착시켰다. 그 결과, 달은 바깥쪽으로 이동해 현재의 궤도에 이르렀고 그사이 지구는 지금 우리가 보고 있는 달의 한 면을 계속 고정시켰다. 그래서 1959년에 옛 소련의 달 탐사선 '루나 3호(Luna 3)'가 최초로 달 뒷면의 사진을 찍어 보내올 때까지는 아무

········

★ 그림 29는 상현달에서 벌어지는 사건을 보여준다. 하현달에서는 환한 반쪽 부분이 별을 먼저 가리고 나중에 별이 달의 어두운 반쪽 부분 너머로 불쑥 튀어나온다. 보름달에서는 스위치가 꺼지는 것 같은 효과는 못 보겠지만 그래도 여전히 흥미로운 광경이 펼쳐진다.

도 그 모습을 알 수 없었다.

달은 지구에 복수를 하고 있다. 지구의 바다에 조수를 일으킴으로써 지구의 자전에 제동을 걸어 우리의 하루가 12만 년에 1초씩 늘어나게 하는 것이다. 지금 당장은 걱정할 일이 없지만 몇십억 년 뒤에 지구는 아마 지금처럼 달의 한 면을 계속 볼 것이고 그러면 우리 후손들은, 만약 그때까지도 존재한다면, 하루가 700시간 정도 되는 날을 맞게 될 것이다.

너무 먼 미래의 이야기인가? 그럼 과거는 어땠고 현재는 어떤가? 달에 '생명체'가 있을까? 이른바 달의 '분화구'와 '바다'는 어떻게 생겨났고, '달 자체'는 어떻게 탄생했을까?

많은 전문가들이 우주 비행사들이 달에서 가져온 암석과 먼지의 샘플들을 철저히 연구했다. 그 샘플들은 다방면에 풍부한 정보를 제공했지만 달에 어떤 종류든 생명체가 존재하거나 존재했다는 것을 증명하지는 못했다. 게다가 과학자들은 소행성과의 충돌로 폭발을 겪었던 지구에서 달의 파편들, 이른바 '달 운석'도 발견했으나 그 물질에서도 생명체의 흔적은 보이지 않았다. 물론 앞으로도 샘플 채취를 통해 계속 살펴봐야겠지만 그 샘플들 역시 과거나 현재의 달에 '생명체가 전혀 없음'을 보여줄 것이라고 예상할 만한 충분한 이유가 있다.

달의 '분화구'에 대해서는, 달에서 온 샘플 자료를 근거로 널리 인정받는 이론에 따르면, 그런 지형은 45억 년 달의 역사를 거치면서 유성체(소행성과 혜성), 그것도 엄청난 크기의 많은 유성체와의 충돌로 생겨났다. 처음 몇억 년 동안에는 꽤 심한 폭격을 받아 거대한 분화구들이 생성됐으며 어떤 것들은 지름이 1천 킬로미터가 넘었다. 마침내 유성체 충돌의 규모와 속도가 극적으로 감소했고, 오늘날 우리가 보는 달의 표면은 수십억 년이 지나도 변함없이 그렇게 남아 있다. 지구에서는 작은 유성체*와의 충돌에 대기가 제동을 걸어주지만 달은 그런 보호막이 부족하다. 이 때문에 그 표면은 작은 유성체 충돌로 계속 분쇄되면서 미세한 먼지가 된다.

달에서 어두운 부분인 '바다[라틴어로는 '마리아(maria)']'로 넘어가보면, 그 바다들은 달에서 용암이 분출해 지표면을 가로지르며 광범위하게 흘러갔을 때 생겨났다. 이 용암 중 일부는 가장 거대한 분화구들의 바닥을 채웠는데, 어떤 분화구들은 수십

....

★ 우리가 '별똥별(Shooting Star)' 또는 '유성(Meteor)'이라고 여기는 대상은, 지구의 대기권 안으로 돌진하면서 마찰열로 타오르는 유성체다. 매일 수백만 개의 유성체들이 대기를 강타하지만 극히 일부만 지상에 닿는데, 그렇게 떨어진 유성체를 '운석(Meteorite)'이라고 한다. 대부분의 운석은 크기가 작으나 가뭄에 콩 나듯 엄청나게 큰 운석이 우리 행성을 강타하기도 한다. 미국 애리조나주의 그 유명한 운석 분화구 '미티어 크레이터(Meteor Crater)'는 거대한 유성체가 떨어져 생긴 것이다. 그 유성체는 지름 1.2킬로미터, 깊이 180미터의 진짜 '달 분화구'를 만들었다. 1908년 시베리아에서는 한 유성체의 극적인 추락이 있었다. '퉁구스카 대폭발'로 알려진 이 사건은 약 2,150제곱킬로미터의 숲을 완전히 파괴했다. 그 유성체가 대도시에 떨어졌다 해도 마찬가지의 위력으로 대재앙을 초래했을 것이다.

가압 헬멧
공기탱크
냉각기
가압 우주복

유성체에 대비한 방탄 방패
깨지지 않는 창
빨아 먹을 수 있는 관이 달린 수프 용기(고형식을 먹겠다고 우주선 출입문을 열 수는 없으니까)
가열기

달의 장기 방문을 위한 복장과 장비 디자인:
우주 시대 이전(1952)의 구상안이지만 시대에 별로 뒤떨어지지 않았다.

억 년 전에 형성된 것이었다. 바다가 더 어두운 색을 띠는 이유는 지표로 흘러간 용암이 달에서 밝은 색을 띠는 나머지 부분인 '고지(Highland)'와 구성이 달라서다. 한 가지 수수께끼는, 거의 모든 바다가 지구에서 보이는 앞면에 자리 잡고 있는 반면, 달의 '뒷면'에는 바다가 거의 없다는 점이다. 그런 차이가 생겨난 원인은 지금도 확실히 알지 못한다.

'달의 기원'에 대해서는 수백 년 동안 논쟁 중이다. 그러나 달에서 가져온 샘플을 바탕으로 과학자들은 거대 유성체와 초기 지구의 충돌에서 달이 생겨났다고 믿게 되었다. '거대 충돌설(Giant Impact Theory)'에 따르면, 달은 이렇게 탄생했다. 대략 45억 년 전에 화성 크기의 어떤 천체가 지구와 충돌하면서 그때 쏟아져 나온 파편들이 지구 주변에 고리를 형성했다. 그런 물질로 이루어진 고리에서 달이 시작되어 하나의 구로 합쳐졌다. 그렇게 시작된 달이 너무 격렬하게 성장한 나머지, 달의 표면은 수백만 년 동안 온통 용암 바다로 변했을 것이다.

별, 광년, 은하

우리 중에서 별자리를 모르는 일반 사람들조차 앞서 만난 고대 칼데아의 양치기를 비롯해 초기에 별을 보던 사람들보다 한 가지 면에서 앞서 있다. 그것은 바로 우리가 별과 우주의 본성에 대해 더 잘 알고 있다는 점이다.

우리는 별이 작은 등불이라거나 둥근 하늘 천장에 박혀 반짝이는 못이라고 더는 믿지 않는다. 중앙아메리카의 한 재미있는

전설에 나오는 것처럼, 죽은 영웅들이 천상에서 피우는 여송연의 빛나는 불빛이 별이라고 믿지도 않는다.

그 대신 우리는 학교에서 이런 사실들을 배운다. 별자리를 만드는 별들은 실제로 우리 태양과 같은 태양으로, 고온 발광 가스로 이루어진 거대한 구체(球體)다. 어떤 별들은 우리 태양보다 크고 어떤 별들은 크기가 비슷하거나 더 작은데 우주 사방팔방에서 빙빙 돌고 있다. 대부분은 태양처럼 홀로 존재한다. 하지만 다른 별들은 대략 다섯 중 하나꼴로 쌍성이다. 이중성은 서로의 주위를 돌거나 공통의 무게중심을 기준으로 도는 별이다. 심지어 삼중성이나 그 이상의 다중성도 있다. 몇백 개부터 수천 개에 이르기까지 온갖 종류와 크기의 별들이 크고 작은 집단을 이루기도 한다. 이른바 성단이다. 그런 별무리는 허공 속에서 함께 여행한다. 한 예가 플레이아데스성단이고, 또 다른 예로 헤라클레스 대성단이 있다. 나 홀로든 무리를 지어서든 별들은 우리 태양계와 굉장히 먼 거리에서 자기네끼리도 대단히 멀리 떨어진 채 엄청난 속도로 우주 안에서 나아간다.

광년 우주 거리는 그야말로 엄청나서 심지어 수백만 킬로미터를 단위로 써도 0이 너무 많이 붙어 비현실적이기 때문에 보통 '광년(Light‑Year)'으로 측정한다. 광년은 '시간'이 아니라 '공간'의 범위를 나타내며 빛이 1년 동안 이동하는 거리를 의미한다.

빛의 속도는 초속 약 30만 킬로미터, 분속 약 180만 킬로미터이고, 1년으로 치면 약 9조 5천억 킬로미터로 0이 11개나 붙는다. 광년을 킬로미터로 나타내면 이런 수준이다. 그래서 이 속도로 빛이 태양에서 지구까지* 이동하는 데는 약 8.5분이 걸리지만, 눈에 보이는 가장 가까운 별인 알파 켄타우리에서 지구까지 이동하는 데는 똑같은 빛의 속도로 약 4.37년이 걸린다.

이와 같은 거리들은 감이 잘 안 올뿐더러 상상하기란 더더욱 어렵다. 만약 지구의 공전 궤도를 10센트짜리 동전 크기로 축소해본다면 우리 이웃 별인 시리우스는 5킬로미터 가까이 떨어져 있는 작은 모래알일 것이다.

그러나 우리에게 시리우스만큼 가깝거나 그보다 가까운 별은 거의 전무하다. 대부분의 별들이 우리와 훨씬 더 멀리 떨어져 있고 별들끼리도 그렇다. 이 때문에 우리가 살고 있는 우주가 혼잡하다고 말할 수는 없는데, 막상 맑은 날 밤하늘을 보면 하늘이 붐빈다는 인상을 받을 수도 있다. 만약 지구의 공전 궤도가 10센트짜리 동전 크기인 비율로 우리 은하를 줄여본다면 본디 텅 빈 우주 공간에 평균적으로 1.6킬로미터마다 작은 모래알이 하나씩 놓여 있는 셈이 된다. 어쨌거나 별들끼리 충돌할 위험은 거의 없

....

★ 지구에서 태양까지의 평균 거리를 '천문단위(AU, Astronomical Unit)'라고 하며 1광년은 6만 3,300 AU에 해당된다. 만약 지구와 태양의 거리를 1센티미터로 가정했을 때 알파 켄타우리는 2.5킬로미터 넘게 떨어져 있는 셈이다.

으니 밤하늘을 본 뒤에 마음 편히 자면 된다.

왜성과 거성 광대하고 텅 빈 우주 공간과 비교해 별들을 작은 모래알로 표현한다고 해서 별들이 다 똑같은 크기의 '알갱이'라는 의미는 아니다. 별들은 '거성(Giant)'과 '초거성(Supergiant)'부터 '왜성(Dwarf)'과 '준왜성(Subdwarf)'까지 범위가 다양하며 태양도 별의 주요 일원이다. 그 크기를 보면 지름이 거의 태양의 1천 배이거나 태양계의 절반을 차지하는 토성 궤도만큼 큰 별들부터 우리 주요 행성들만 한 별들까지 천차만별이다. 그리고 지구보다 훨씬 더 작은 별들도 있다. 사실 그런 작은 별들은 맨눈으로 볼 수 없기 때문에 우리가 그 별들을 만날 일은 없다. 하지만 그 별들은 수(數)로 거성을 압도하며 어떤 것들은 우리와 불과 몇 광년밖에 떨어져 있지 않다.

별의 죽음 별도 언제까지나 뜨겁게 타오를 수는 없다. 결국에는 차갑게 식고, 자체 핵연료 공급(내부에서 일어나는 수소와 헬륨의 핵융합 반응 – 옮긴이)에서 발생하는 압력이 별의 엄청난 중력을 이겨내지 못할 것이다. 그 결과, 별은 자체 붕괴하여 세 가지 유형의 '고밀도 별(Compact Star)' 가운데 하나가 된다. 첫 번째는 '백색왜성(White Dwarf)'이라고 알려진 별로, 질량이 우리 태양의 약 8배까지 되는 중간 크기의 별들에서 생긴다. 백색왜성은 별처럼 빛나는 발광체이지만 크기가 지구 정도밖에 되지 않아 밀도가 매우 높다. 야구공만 한 백색왜성이 지구상에 있다면 그 무게가 거의 23만 킬로그램에 달할 것이다. 하지만 백색왜성의 밀도는 질량이 우리 태양의 8~20배쯤 되는 더 큰 별의 최종 상태와는 비교조차 되지 않는다. 그렇게 큰 별은 거대한 '초신성(Supernova)' 폭발 이후에 '중성자별(Neutron Star)'이 된다. 중성자별은 보통 최종 질량이 우리 태양의 1.5배쯤 되지만 지름은 19킬로미터 정도에 불과하다. 사실 그런 거리쯤은 자전거로 두어 시간 안에 한 바퀴 돌 수 있겠지만 이 별에서는 쉽지 않을 것이다. 왜냐하면 별의 중력이 커서 자전거 타는 사람의 몸무게가 평소보다 1천억 배쯤 더 나가기 때문이다. 야구공만 한 중성자별이라 해도 무게는 23조 킬로그램에 이른다. 마지막으로 질량이 우리 태양의 약 20배 이상인 별은 '블랙홀(Black Hole)'이 될 수 있다. 블랙홀은 별의 중력이 엄청 커서 우주 공간에서 극도로 작은 하나의 점, 일명 특이점으로 압축될 때 발생한다. 블랙홀의 중력이 너무 강한 나머지, 빛조차 그 속에 한번 들어가면 빠져나오지 못해서 완전히 캄캄해 보인다. 현재까지는 블랙홀 바깥에 돌아다니는 가스에서 방출되는 X선이 관측되어야만 블랙홀의 존재를 겨우 추론할 수 있다. 우리은하 중심에는 100만 개의 태양보다 질량이 큰 거대한 블랙홀이 있다.

별자리는 실제로 없다 별들은 터무니없이 멀리 떨어져 있긴 해도 실제로 존재한다. 그러나 별자리는 그렇지 않다. 우리 눈에는 별자리가 함께하는 별무리로 보이지만 그렇게 보인다고 해서 실제로 그런 것은 아니다. 우주에서 우리가 있는 이곳 지구에서만 별들이 특정 집단에 소속되어 있는 것처럼 보일 뿐이다. 만약 시리우스나 폴라리스에서 본다면 그 별들은 다른 무리를 이루고 있을 수 있어 그곳에서는 분명히 우리 별자리들 가운데 어느 것도 알아보지 못할 것이다. 따라서 우리 밤하늘에서 가까운 이웃으로 보이는 두 별이 실제로 꼭 가까운 이웃은 아니다. 그럴 수도 있고 아닐 수도 있으므로 사실을 알아내려면 항성 목록에서 두 별을 찾아봐야 한다. 예를 들어 쌍둥이자리의 카스토르와 폴룩스는 가까운 이웃처럼 보이고 실제로도 그렇다. 둘 사이의 거리는 고작 12광년이다. 하지만 북두칠성의 국자 손잡이에 있는 두 별인 알카이드와 미자르는 (카스토르와 폴룩스보다 그 사이가 훨씬 멀리 떨어져 있는 것 같지 않은데도) 전혀 이웃이 아니다. 지구에서 보면 그냥 우연히 같은 시야에 놓여 있는 것이다. 미자르는 우리와 78광년밖에 떨어져 있지 않으나 알카이드는 우주 공간에서 그보다 멀리 104광년쯤 떨어져 있다.

반면 시리우스와 알타이르(독수리자리에서 밝은 별)는 하늘 반대편에 있어 최대한 멀리 떨어져 보이지만 둘 사이의 거리는 24광년 정도밖에 되지 않는다. 하지만 지구가 그 사이에 있어 둘

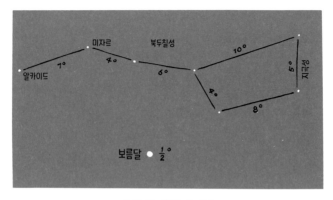

그림 30: 밤하늘의 척도

중 하나가 서쪽으로 지면 다른 하나가 동쪽에서 떠올라 하늘 전체가 둘을 갈라놓는 꼴이 된다. 이처럼 모든 게 눈에 비친 모습과 늘 같지는 않다는 사실이 다른 어느 학문보다도 천문학에서 훨씬 더 많이 입증된다.

두 별 사이의 '겉보기 거리', 즉 우리 눈에 실제로 보이는 거리를 나타내는 데 광년은 도움이 되지 않는다. 대신에 고도나 적위, 적경을 측정할 때와 마찬가지로 대원의 '각도'를 이용해야 한다. 지평선 주위를 한 바퀴 돌면 360도이고, 지평선에서 천정까지는 90도, 전체 하늘을 한 번 가로지르면 180도다. 별들도 몇 가지 편리한 기준을 제공한다. 예를 들어 북두칠성에서 두 지극성 간의 거리는 5도이고, 국자 머리 윗부분은 10도이며, 북극성에서부터 두 지극성 중 더 가까운 별까지는 28도다. 오리온자리의 허리띠(삼형제별)는 3도다. 백조자리에서 데네브부터 알비레오(백조의 부리 끝에 있는 별)까지의 거리는 23도이며, 카시오페이아자리에서 W의 너비는 약 14도. 태양과 보름달은 그 지름이 각각 0.5도쯤 된다. 25센트짜리 동전을 들고 팔을 쭉 뻗었을 때(눈에서 약 60센티미터 거리에 있을 때) 동전의 지름은 2도 이상이다. 그러니 25센트짜리 동전, 아니 심지어 10센트짜리 동전에 비해서도 보름달이 얼마나 작은지를 보면 깜짝 놀랄 것이다.

은하수 천상에는 '동물들의 원'인 황도대 이외에도 별들로 이루어진 영역이 또 하나 있다. 바로 '은하수(Milky Way)'다. 밤하늘에 걸쳐 있는 희미하고, 불규칙한 빛의 리본인 은하수는 1년 내내 대부분의 기간에 볼 수 있다. 단, 달이 없는 아주 맑은 날 밤이어야 하고, 불빛과 매연이 있는 대도시에서는 거의 보이지 않는다. 아무리 시야가 완벽하게 확보된다 해도 은하수를 유일하게 볼 수 없는 시기는 북두칠성이 최고 높이로 떠 있고 카시오페이아 자리가 낮게 내려와 있을 때다(카시오페이아자리는 은하수 안에 있다). 이때는 별들이 하늘을 이리저리 옮겨 다니는 것처럼 은하수도 지평선을 따라 이동하다가 지상 부근에서 밀도가 더 높은 대기에 가려진다.

망원경이 발명되기 전에는 은하수나 은하['Galaxy'에서 'gala'는 'milk(우유)'를 뜻하는 그리스어다]의 실체가 완전히 수수께끼였다. 맨눈으로 보면 은하수는 안개 띠 같다. 어찌 보면 어두운 색의 탁자 위에 우유를 엎지른 것 같기도 한데 막상 망원경으로 관측했을 때 낱개의 별들이 밀집한 구름들로 이루어졌다는 섯이 밝혀졌다. 하지만 이런 밀도는 착각을 일으킨다. 은하수의 별들은 모두 서로 광년 단위로 떨어져 있지만 우리와는 너무나 멀리 떨어져 있어서 약 10조 킬로미터나 되는 광년의 거리도 아주 작은 점으로 보인다.

그런데 그 희미한 별구름들은 왜 하늘 전체에 흩어져 있지 않을까? 별들은 어디에나 있지 않은가?★ 그렇다면 이 별구름들이 천구 주위에 왜 하필 그런 좁은 띠를 만드는 걸까?

....

★ 은하수 안과 그 근처의 하늘은 나머지 지역보다 밝은 별들로 풍성하다. 21개의 1등성 가운데 16개가 은하수 안이나 그 부근에 있고 겨우 5개만 은하수에서 멀다. 그 5개의 별은 아르크투루스와 아케르나르, 스피카, 포말하우트, 레굴루스다. 아울러 더 희미한 별들도 다른 곳보다 이 은하 영역에 더 많다.

그 이유는 우리은하의 모양에서 찾을 수 있다['우리'라는 말을 붙여야 하는 이유는 '섬우주(Island Universe)'라고 부르던 다른 은하들이 있어서다]. 우리은하는 별들, 정확히 말하면 태양들의 방대한 축적물이다. 여기에는 수백억, 아니 아마도 수천억 개의 태양이 거대한 렌틸콩 같은 모양 안에, 아니면 전체적으로 둥글납

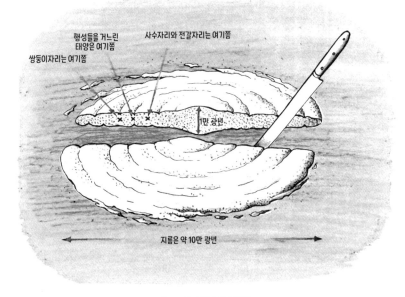

그림 31: 우리은하의 단면도

그림은 '은하 빵 덩어리'의 형태만 보여줄 뿐 밀도는 보여주지 않는다. 별들은 이 그림처럼 빽빽이 들어차 있지 않고 303쪽에서 설명했듯이 광년 단위로 떨어져 있다. 게다가 '단단한 껍질'이 있는 빵도 아니다. 별들은 점점 작아져 우주 공간 속으로 사라질 뿐, 이 우주 공간은 우리가 그려본 '혼잡하지 않은' 우주보다 몇 배나 더 텅텅 비어 있다. 우리는 겨울 밤하늘에 떠 있는 쌍둥이자리 쪽을 바라볼 때보다 여름 밤하늘에 있는 사수자리와 전갈자리 쪽을 바라볼 때 수많은 별들 사이로 우리은하의 더 먼 가장자리 쪽을 보게 된다. 이것이 바로 은하수가 겨울보다 여름에 더 빛나 보이는 이유다.

작하고 가장자리가 조금씩 찢어진 빵 덩어리 안에 배열되어 있다. 그 지름은 대략 10만 광년이고, 중심부의 두께는 1만 광년이며 가장자리 쪽으로 갈수록 두께가 얇아진다. 이 빵 덩어리를 둘로 잘라(이상한 일이지만 상상 속의 칼로써만 이렇게 할 수 있다) 좀 과장되게 단순화하면 어느 정도 이렇게 보일 것이다.

아주 작은 한 점의 빛나는 티끌인 우리 태양은 빵 덩어리의 중심보다는 가장자리에 좀 더 가깝지만 반쪽 단면의 중간쯤에 자리 잡고 있다. 태양계 안 우리가 있는 곳에서 바라보면 가운데의 넓은 면에는 '가장자리' 쪽만큼 많은 별들이 거의 보이지 않는다. 별들이 쌓여 있는 것 같은 그 가장자리에 은하수가 있다. 다시 말해 은하수는 우리은하의 가장자리인 셈이다.

별자리들을 구성하고 맨눈으로 볼 수 있는 별들은 물론, 망원경으로 보거나 사진 찍을 수 있는 별들도 거의 예외 없이 다 우리은하 '안'에 있다. 그리고 1천억 개가 넘는 이 별들이 은하계 내부를 이리저리 빙빙 도는 동안, 광대한 전체 은하계는 2억 년에 한 번 그 축을 중심으로 느리게 자전하고 있다. 하지만 이건 어디까지나 이야기의 작은 부분일 뿐이다.

성운과 은하 밤하늘에는 흐릿한 띠 모양의 은하수 이외에도 고립된 작고 흐릿한 조각들이 있다. 그중 몇 개는 맨눈으로 볼 수 있지만 대체로 망원경을 사용해야 그 모습을 볼 수 있다. 그런 조각을 '성운[Nebula, 'mist(안개)'를 뜻하는 라틴어]'이라고 한다. 성운에는 두 종류가 있는데 이름과 흐릿한 모습 말고는 둘 사이에 공통점이 없다.

하나는 우주 공간에서 스스로 떠돌거나 아니면 투명한 봉투처럼 별을 감싼 거대한 발광 가스 구름이다. 그런 성운은 수천 광년 떨어져 있어도 전부 우리은하 '안'에 있다. 그래서 이름도 '은하성운(Galactic Nebula)'이다.

다른 하나는 더 흥미롭다. 아니, 더 극적이라는 표현이 맞을지도 모르겠다. 그것은 바로 '은하계외성운(Extragalactic Nebula)'이다. 말 그대로 우리은하계 '바깥'에 있는 성운이다. 이런 성운은 단순한 가스 구름이 아니라 우주 공간에서 멀리 떨어진 별들의 방대한 축적물이 아닐까 하고 오랫동안 의심했는데 정말 그런 것으로 입증됐다. 가장 희미하면서도 조그만 이 빛 방울이 우리 태양계가 속한 은하처럼 정말로 '은하(Galaxy)'였던 것이다. 이런 은하계외성운은 우리은하와는 물론 자기들끼리도 수백만 광년 떨어져 있다.

그 유명한 '안드로메다은하'가 바로 그런 이웃 은하로, 우리은하와는 270만 광년쯤 떨어져 있다. 맑은 날 밤이라면 망원경이나 쌍안경 없이도 볼 수 있다. 안드로메다은하는 아무 도움 없이 인간의 눈으로 볼 수 있는 가장 먼 천체다. 최고 배율의 망원경으로 보면 우리은하인 은하수와 비슷한 구조가 드러나며 심지어 은하 안에 있는 낱개의 별들도 몇 개 보인다.

더구나 그런 은하들이 꽤 많다. 지구의 공전 궤도에 있는 허블 우주망원경은 육안으로는 검게만 보이는 한 조각의 하늘에서, 팔을 뻗어서 들고 있는 핀의 머리보다도 작은 영역 안에 1만 개 이상의 은하가 있다는 것을 보여준다. 우주에는 수천억 개의 은하가 있고 각 은하에는 수십억 개의 태양이 있다. 그중 일부는 더 작은 은하들을 마치 위성처럼 거느리면서 성단을 이룬다. 그 성단들은 상상을 초월하는 텅 빈 우주 공간에 서로 수백만 광년 떨어져 있다. 잠시 멈춰 그런 사실을 곰곰이 생각해본다면 숨 막힐 정도로 경이로움을 느끼는 게 당연하다.

알아두기 논란이 많았던 '퀘이사QUASAR['Quasi‒Stellar Radio Sources(준항성 전파원)'의 줄임말, '준항성체(QSO, Quasi‒stellar Object)'라고도 함] 중 일부는 캘리포니아주 팔로마산의 천문대에서 전파망원경으로 발견되었고 60미터 반사경으로 사진 건판(유

리판에 감광 재료를 발라서 말린 사진 감광판-옮긴이)에 정확한 위치가 찍혔다. 이들은 실제로 100억 광년 떨어진 곳에서 생성 중인 은하일 수도 있는데, 만일 사실로 밝혀지면 이는 우리가 100억 년 전의 과거를 들여다보고 있다는 의미가 될 것이다. 그런 신생 은하의 빛이 대우주에서 우리가 있는 구석으로 100억 년의 여행을 시작했을 때, 아마도 현재 50억 살쯤 된 우리 태양계는 아직 태어나기도 전이었다.

오랜 세월 속의 별자리

대우주를 유람하고 나서 우리 별자리로 돌아오니 마치 대륙 횡
단 비행을 마치고 우리 집 뒷마당으로 걸어 들어오는 기분이 든
다. 심지어 우리 이웃 은하인 안드로메다은하를 보고 있는 지금
도 우리 눈에 닿는 빛이 거의 300만 년 전에(그때까지도 원시인은

인류의 가장 오래된 그림책

최초의 거칠고 투박한 석기를 만드는 일을 아직 시작하지 않았다) 그곳에서 출발했다는 것을 감안하면 별자리들이 오래됐다고 외치는 게 어쩜 김빠지는 소리처럼 들린다.

하지만 인류가 기록을 남긴 초창기부터 현재까지의 시간인 이른바 역사 시대는 6천 년 정도밖에 되지 않았으니 이 잣대로 보면 별자리들이 오래된 건 사실이다. 우리는 누가 처음으로 어떤 별무리들을 사람이나 짐승 모양으로 이미지를 만들어 별자리들을 '발명'했는지 알지 못한다. 어쨌든 이집트인과 수메르인, 칼데아인이 역사에 등장했을 때 그들은 오늘날의 많은 별자리들을 이미 갖고 있었다. 따라서 우리는 그 별자리들의 기원이 선사 시대로 한참 거슬러 올라간다고 추정해도 무방하다. 그 별자리들은 인류의 가장 오래된 그림책으로 불렸고, 분명히 우리 문명의 가장 오래된 요소들 중 하나다.

기원전 2000년경에는 주요 별자리들의 형상이 대부분 만들어져 있었던 것 같고, 그로부터 1천 년쯤 지난 시점에 등장한 그리스인들은 근동 지역의 이웃들에게 그 별자리들을 넘겨받아 크게 바꾸지 않고* 훗날 로마인에게 건넸다. 그리하여 영웅과 신화 속

....

★ 이는 그리스인이 하늘에 대한 인류의 지식에 기여하는 데 자신들의 몫늘 나하지 않았다는 뜻이 아니다. 오히려 그리스인은 진정으로 과학적이라 할 수 있는 태도를 처음으로 보여준 사람들이었다. 이전의 이집트와 메소포타미아 지역 사람들은 훌륭한 관측자들이자 충실한 기록자들이었다. 그리스인은 누가 봐도 당연하게 여기는 것들의 보이지 않는 원

인물, 동물, 사물을 나타내는 별자리 이름들은 그리스어 아니면 라틴어가 되었다. 유럽의 과학이 일식을 겪었던 중세 동안에는 아랍인들이 천문학의 유산을 보존했다. 그래서 많은 낱개의 별들이 알데바란, 데네브, 알타이르 등의 아랍어 이름을 간직하고 있다. 아랍인들은 다음 차례로 르네상스 시대에 서구 민족들에게 별자리를 전했다.

15세기까지 유럽과 서아시아 민족들은 북반구만 잘 알고 있어서 그때까지 알려진 별자리에는 지구 반쪽의 밤하늘에서 보이는 것들만 포함됐다. 그 별자리들이 바로 '원조 별자리'이고 그 수는 48개다. 그런데 대항해 시대를 맞아 전 세계를 팀험하게 되면서 하늘의 최남단 부분이 알려짐으로써 새로운 지도를 만들어야 했다. 그때 이른바 '근대 별자리'가 몇몇 개인 지도 제작자들의 손에서 탄생했다. 그 대상은 주로 남쪽 하늘에 있는 별자리들이었

....

인을 깊이 파고들었고 증명할 수 없는 신화들에 만족하지 않았다. 기원전 530년경 피타고라스에게 지구는 더 이상 그 위에 아치형 천장이 있는 '원반'이 아니라 허공에 걸린 '구'였다. 기원전 400년쯤 아르키타스는 이 구의 크기를 계산했는데 그 값이 크게 틀리지 않았다. 피타고라스학파였던 필로라우스는 지구가 돌고 그 때문에 겉보기에만 별이 움직이는 거라고 가르쳤다. 아리스타르코스는 코페르니쿠스와 갈릴레이, 케플러보다 거의 2천 년을 앞서, 지구와 행성들이 지구보다 몇 배나 크고 불타는 구체인 태양 주위를 돈다고 주장하며 별들이 너무 멀리 떨어져 있어서 그에 비하면 지구의 공전 궤도는 한 점에 불과하다고 역설했다. 그와 동시대를 살았던 사람들은 그런 생각을 따라가지 못했지만 그래도 최소한 아리스타르코스는 1600년에 그런 동일한 이론들을 설파했다는 이유로 화형을 당한 조르다노 브루노 같은 불상사를 겪지는 않았다.

지만, 북쪽 하늘에도 그전까지 이름이 없던 희미한 별무리들이 별자리로 소수 추가됐다. 지도 제작자들은 양심적인 과학자들이었으나 상상력이 뛰어나진 않아서 그들이 만든 새 별자리들은 옛날 별자리들처럼 그림을 그린 듯 멋지지 않다. 새 별자리들은 대부분의 원조 별자리가 지닌 고대 민속 문화의 매력이 많이 부족했다. 그래서 자꾸 모조품이라 부르고 싶은 마음이 든다.

새로운 별이다!

하지만 민속 문화가 이 지도 제작자들이 알 바는 아니었어도 '천체학[Uranography, 'uranos'는 'heaven(하늘)'을 뜻하는 그리스어]', 정확히 말하면 하늘 지도 제작과 이 분야에서 그들이 이룬 공로는 이론의 여지가 없다. 한 예를 들면, 당대까지 이름이 제대로 붙여지지 않은 별들은 이 천체학자들 중 하나인 요하네스 바이어가 1603년에 펴낸 별 지도책에서 그때까지 알려진 모든 별 하나하나에, 오늘날에도 사용되고 있는 체계인 그리스어와 라틴어 문자들을 도입하기 전까지는 그 별들을 장황한 설명으로 규정해야 했다. 그러나 오늘날 천문학자들은 "쌍둥이자리에서 폴룩스의 서쪽 발에 있는 밝은 별"이라고 설명하는 대신, 간단히 "쌍둥이자리의 감마별(gamma Geminorium)"이라고 말한다. 'Gamma(γ)'는 그리스 알파벳이고, 'Geminorium'은 라틴어 'Gemini(쌍둥이자리)'의 소유격이다.

하지만 가벼운 마음으로 별을 보는 사람은 그리스 알파벳이나 라틴어 소유격 없이도 밤하늘을 알 수 있다. 그래서 이 책의 별 지도에는 그런 명칭들을 뺐다. 그것들은 필요하면 다른 별 지도책이나 천문학 자료에서 찾아보면 된다.

근대까지만 해도 천문학자들은 자신의 기호에 따라 별자리를 구분하는 경계를 조금씩 다르게 그렸지만 지금은 이런 문제가 정리됐다. 1930년에 국제천문연맹에서 별자리들의 경계선을 최종적으로 정했기 때문이다. 그리고 그 기관에서 별자리의 가장 밝은 별들을 만족스러운 모양으로 함께 묶는 것을 항상 불허하지는 않아도 중요한 주제에 대해서는 모든 나라가 마침내 완전한 합의에 도달했으므로 안심해도 된다고 할 수 있다.

심지어 별자리도 변한다 그러나 앞서 언급한 최종 합의는 가끔 수정을 고려해야 할 것이다. 인간의 불안정한 특성 탓이 아니라, 만물이 변하듯 별자리도 변하기 때문이다. 만일 이집트 파라오의 궁에 있던 천문학자가 지금 다시 돌아온다면 그는 익숙한 장소에서 피라미드들은 발견하겠지만 당시 그곳 하늘에서 봤던 별들을 모두 보지는 못할 것이다. 예를 들어 현재 시리우스는 그가 옛날에 그 별을 찾았던 지점에서 다른 별들에 비해 보름달 너비의 네 배쯤 떨어진 곳에 있고 아르크투루스는 두 배쯤 떨어진 곳으로 이동했다.

이런 변화는 그 천문학자에게 꽤나 충격일 것이다. 왜냐하면 그가 살았던 시대에는 별자리들을 영원한 존재로 여겼지만 오늘날에는 한낱 예상에 불과하기 때문이다. 우리 은하 안의 별들이 우주 속을 사방팔방 분당 수천 킬로미터의 속도로 상호 돌진한다면 1천 년의 세월이 흐르는 동안 우리 별자리들을 이루는 별들의 배열은 바뀔 수밖에 없다.

놀라운 점은 그런 변화가 더 빨리 일어나지는 않는다는 것보다 별들과의 엄청난 거리가 그 사실을 설명해준다는 것이다. 기차역 승강장에서 지켜보는 기차가 조금씩 앞으로 나아가는 것처럼 별들의 이동도 심지어 몇 세기에 걸쳐 무시할 만해 보인다. 적어도 가벼운 마음으로 구경하는 사람에게는 그렇다. 정밀 기기로 정확히 관측하면 그런 변화를 몇 년이나 몇십 년에 걸쳐서까지 볼 수 있다. 322쪽에 그런 장기적 결과의 사례가 제시된다. 그림 32에는 북두칠성의 별들의 배열이 과거, 현재 그리고 앞으로 10만 년 후까지의 미래에 변해가는 모습이 나와 있다.

오랜 세월 속의 북두칠성

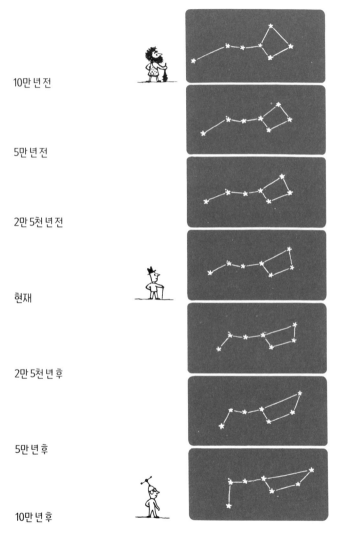

10만 년 전

5만 년 전

2만 5천 년 전

현재

2만 5천 년 후

5만 년 후

10만 년 후

그림 32: 오랜 세월에 걸친 북두칠성의 변화

제한 속도!
초속 30만
킬로미터

　확실히 오랜 시간이긴 하지만 그에 비해 인간은 이 지구에서 몇백만 년이나 존재했고 이따금 자멸을 부르는 기간이 있었음에도 그 수가 엄청나게 증가했다. 그러니 앞으로 3천 세대가 지나도 우리가 지금 감탄해 마지않는 북두칠성을 보며 감탄할 수 있는 후손들이 존재하기를 바라자.

지구 밖의 생명체

앞서 달을 이야기하면서 우리는 달이 생명체가 살 수 있는 곳이 아니라는 것을 알게 됐다. 따라서 또 하나의 물음이 생긴다. 그것은 흔히 별을 보는 모든 이들이 궁금해하거나 친구들에게 받을 법한 질문이다. "태양계나 우주에서 우리 행성 밖 어딘가에 '생명체'가 있을까?" 이 문제를 한번 살펴보자.

우리가 알기로 생명체는 꽤 많은 조건이 따라야 한다. 첫 번째 필요조건은 알맞은 온도와 산소, 물이다. 그리고 설령 다른 원소나 복합물이 물과 산소를 대신한다 해도 어떤 가상의 생명체든 의존해야 하는 화학적 상호작용에는 액체가 필요하다. 두꺼운 대기층이 도움이 될지도 모르겠지만 그것은 꼭 필요하지 않을 수도 있음을 곧 알게 될 것이다. 아울러 지속적인 에너지원 또한 생명을 가능케 하는 화학 반응을 일으키는 필수 요소다. 지구에서는 햇빛이 우리 에너지의 궁극적인 원천이다.

그럼 우리 태양계의 행성들을 하나하나 검토하면서 논의를 시작해보자. 수성은 너무 뜨겁고 작아서 대기나 액체를 유지하지 못하므로 생명체가 살 수 있는 곳이 안 될 것 같다. 금성은 대기층이 지구보다 90배쯤 두껍고 표면 온도가 섭씨 400도를 넘어 역시 너무 뜨겁다. 화성은 조건이 조금 낫지만 생명체에 대한 전망은 여전히 매우 비관적이다. 화성의 대기는 주로 이산화탄소인 데다 너무 희박해서 지구보다 거의 100배나 밀도가 낮다. 그런 대기는 살아 있는 유기체들을 치명적인 우주 방사선에서 보호해주지 못하고 액체 상태의 물을 계속 끓여서 금세 증발시킨다. 게다가 화성의 표면 온도는 액체 상태의 물이 존재하기엔 너무 낮다. 화성의 가장 따뜻한 온도는 영상 20도 정도이지만 일반적으로는 약 영하 80도다. 몇몇 착륙선과 탐사선, 궤도선이 화성을 방문했지만 지금까지 생명의 흔적을 찾지 못했다. 하지만 그 우주선들은 아마도 수억 년 전이나 심지어 수십억 년 전에 화성에 많은 양의 물이 주기적으로 존재해서 그곳의 지형을 만들었다는 흔적은 찾아냈다. 화성은 과거에 단순한 형태의 생명체들이 살았을 가능성이 있고, 우리는 여전히 그 자취를 발견하길 바란다.

화성 너머에는 거대 가스 행성들과 더불어 카이퍼대에 거주하는 천체들이 있는데, 태양에서 그만큼 떨어진 거리에서는 천체들이 너무 추워서 생명체가 살아남을 것 같지 않다. 그러나 우리 달보다 약간 작은 목성의 달 유로파(Europa)에는 원시 형태의 생명체가 살 만한 안식처가 적어도 한 군데는 있을 수 있다. 유로파에는 대기가 없고 그 표면은 영하 130도보다 더 찬 얼음으로 덮여 있지만 그 얼음 표면의 수 킬로미터 아래에 그 달 전체를 에워싸는 거대한 바다가 있을지도 모르기 때문이다. 지구의 뜨거운 화산 통풍구에 있는 바다 몇 킬로미터 아래의 햇빛 한 줄기 전혀 보이지 않는 곳에서 단순한 유기체 군집이 번성하는 것으로 밝혀졌는데, 이런 심해의 유기체 군집은 유로파의 바다 아래 깊고 어두운 곳에서 그와 비슷한 유기체가 존재하리라는 작은 희망의 빛을 던진다.

그럼 '태양계 밖의 생명체'는 어떨까? 천문학자들은 고배율의 망원경을 사용해 독자적인 궤도를 도는 행성들을 거느린 별을 수백 개나 찾아냈다. 이 행성들은 '태양계 밖 행성(Extrasolar Planet)' 또는 '외계행성(Exoplanet)'으로 알려져 있다. 이런 발견은 태양계가 우리은하와 우주에서 흔한 곳이 아닐까 하는 과학자들의 오랜 의심을 확인해준다. 지금까지 우리가 살펴본 행성들은 대부분 우리 태양계의 거대 가스 행성들처럼 아주 크고 기체 상태다. 그런데 그보다 많은 태양계 밖 행성들이 매우 빠르게 발견되고 있으며 기술이 개선됨에 따라 머지않아 지구와 같은 작은 암석 행성을 찾아낼 게 거의 확실하다. 이런 행성이 '거주

가능 구역'이라고 불리기도 하는 지역에 자기 별과 딱 적당한 거리에 있으면 액체 상태의 물과 지구와 같은 대기가 안정될 수도 있다. 이렇게 짧은 기간에 우리가 발견한 수많은 태양계 밖 행성들을 감안하면 우리 태양계 너머에는 그런 행성들이 수십억 개가 존재할 가능성이 있다.

그렇다면 우리는 유기 생명체의 조건이 우리은하 안은 물론 우주 전역의 수많은 행성에 존재한다고 가정해야 한다. 많은 경우에 우리보다 더 높은 수준의 생명체가 존재할 수도 있다. 그리고 언젠가는 이웃 별의 행성에 사는 지적 존재들, 어쩌면 우리보다 더 진보한 존재들이 보내는 신호를 우리의 전파망원경으로 포착하는 아주 잠깐의 가능성이 있을지도 모른다. 우리는 그런 월등한 생명체들의 경험에서 뭔가 얻을 수도 있다.

만약 기회가 왔을 때 그렇게 될지는 또 다른 문제이지만⋯⋯.

찾아보기

234쪽, 246쪽(그림 19) 247쪽, 249쪽, 270쪽, 274쪽(그림 25), 278쪽, 283~286쪽(행성 일정표)

물뱀자리(Hydrus): '수컷 뱀'이라는 뜻의 그리스어, 남쪽 별자리 / 118쪽(별자리 지도 ⑯)

물병자리(Water Carrier, Aquarius): 황도 12궁 중 하나 / 108쪽(별자리 지도 ⑭), 233쪽, 246쪽(그림 19) 274쪽(그림 25), 278쪽, 283~286쪽(행성 일정표)

물이 많은 지역(Wet Region): 하늘에서 물과 관련된 별자리들의 구역 / 89쪽, 111쪽, 112쪽, 116쪽, 별자리 달력 지도 9~12

미라(Mira): 고래자리에 있는 변광성 / 113쪽(별자리 지도 ⑮)

미자르(Mizar): '망토'라는 뜻의 아랍어, 북두칠성의 손잡이에서 알코르와 함께 '말과 기수'라고 불림 / 48쪽(별자리 지도 ①), 307쪽

바다뱀자리(Hydra): '물뱀'이라는 뜻의 그리스어, 남쪽 별자리 / 90쪽(별자리 지도 ⑩)

밝기(Brightness): 겉보기 밝기는 '등급' 참고, 본래 밝기는 '광도' 참고

밤하늘의 척도(Yardsticks in the Sky): 308쪽

방패자리(Shield, Scutum): 남쪽의 작은 별자리 / 103쪽(별자리 지도 ⑬)

백조자리(Swan, Cygnus): 북쪽 별자리 / 66쪽(별자리 지도 ⑤), 별자리 달력 지도 1, 5~12

뱀의 머리(Serpent's Head, Serpens Caput), 뱀의 꼬리(Serpent's Tail, Serpens Cauda): 별을 분류할 때 하나의 별자리로 간주함. 땅꾼자리와 함께 하나의 형상을 이룸

벌집성단(Beehive): 게자리에 있는 성단 / 80쪽(별자리 지도 ⑧)

베가(Vega, 직녀별): '하강하는 독수리'라는 뜻의 아랍어, 거문고자리에서 가장 밝은 별, 0.03등급 / 30쪽, 66쪽(별자리 지도 ⑤), 267쪽, 270쪽

베크룩스(Becrux): 베타 크루키스(Beta Crucis)의 약칭, 남십자성에서 두 번째로 밝은 별, 1.28등급 / 123쪽(별자리 지도 ⑰)

베타 켄타우리(Beta Centauri): 켄타우루스자리에서 두 번째로 밝은 별, 0.61등급 / 123쪽(별자리 지도 ⑰)

베타(Beta, β): 그리스 알파벳의 두 번째 글자, 보통 한 별자리에서 두 번째로

335

한 거리 / 30쪽, 32쪽, 36쪽, 136쪽 / 북극성과 위도(238쪽)

유로파(Europa): 326쪽

유성(Meteor), 운석(Meteorite), 별똥별(Shooting Star): 우주 공간에서 지구로 떨어지는 단단한 물질 덩어리, 지구의 대기와 마찰을 일으켜 시뻘건 빛과 열을 발함 / 달에 떨어지는 유성체(299쪽)

육분의자리(Sextant, Sextans): 사자자리와 바다뱀자리 사이의 별자리, 너무 희미해서 별자리 지도와 별자리 달력 지도에는 나오지 않음 / 346쪽

육식동물 코너(Carnivores'Corner): 56쪽(별자리 지도 ③), 60쪽, 별자리 달력 지도 4~5

은하(Galaxy): 73쪽, 143~144쪽, '은하수' 내용 참고

은하수(Milky Way): 은하(Galaxy) / 143~144쪽, '우주'도 참고

이리자리(Wolf, Lupus): 남쪽 별자리 / 123쪽(별자리 지도 ⑰)

이젤자리(Easel, Pictor): 남쪽 별자리 / 118쪽(별자리 지도 ⑯)

인디언자리(Indian, Indus): 남쪽 별자리 / 123쪽(별자리 지도 ⑰)

일식(Solar Eclipse): 293쪽

임호테프(Imhotep): 이집트의 내과 의사(기원전 2900년경) / 101쪽

자오선(Meridian): 천구에서 관찰자의 천정과 양극을 지나면서 그리는 대원에서 지평선 위의 반원, 관찰자의 남북 지평선과 정확히 닿음 / 223~236쪽 / (지구의) 표준 자오선(266쪽)

작은 고리(Circlet): 물고기자리에 있는 별무리 / 113쪽(별자리 지도 ⑮)

작은 국자(Little Dipper) 또는 작은곰자리(Little Bear, Ursa Minor)): 북극성을 포함하는 주극별자리 / 35쪽, 48쪽(별자리 지도 ①)

작은개자리(Little Dog, Canis Minor): 북쪽 별자리 / 80쪽(별자리 지도 ⑧)

작은사자자리(Little Lion, Leo Minor): 북쪽의 작은 별자리 / 56쪽(별자리 지도 ③)

작은여우자리(Little Fox, Vulpecula): 북쪽의 작은 별자리 / 66쪽(별자리 지도 ⑤)

저녁별(Evening Star, 개밥바라기): 해가 진 저녁 하늘에서 빛나는 행성(별이 아님), 금성일 때가 가장 많음 / 142쪽

적경(Right Ascension): 0시 시간권에서 천체까지의 거리, 춘분점에서부터 동쪽으로 천구의 적도를 따라 측정(대개 시, 분, 초로 나타남) / 236쪽, 271쪽, 308쪽

전체 하늘 지도

다음에 나오는 목록과 지도는 전체 하늘에 있는 88개 별자리들을 모두 보여준다. 별자리 위치를 찾으려면 아래 목록에 있는 별자리 이름 옆의 문자나 숫자를 확인한다. N(북)과 S(남)는 지도의 '원' 영역에서 찾을 수 있는 최북단 별자리나 최남단 별자리를 의미한다. '숫자'는 적경(0h, 1h, 2h 등)을 가리키므로 지도의 '가운데' 영역에 있는 그 적경이나 근처에서 별자리를 찾는다. 목록에서 '육분의자리'와 '조각칼자리', '테이블산자리', '현미경자리'는 너무 희미해서 본문의 별자리 지도에는 나오지 않고 이 전체 지도에만 표시되어 있다.

별자리 목록(가나다 순)

거문고자리 19h	돌고래자리 21h	비둘기자리 6h	이젤자리 S	컵자리 11h
게자리 9h	돛자리 9h	사냥개자리 13h	인디언자리 S	케페우스자리 N
고래자리 2h	두루미자리 22h	사수자리 19h	작은 국자(	켄타우루스자리 14h
고물자리 8h	땅꾼자리 17h	사자자리 10h	작은곰자리) N	큰개자리 7h
공기펌프자리 10h	마차부자리 5h	살쾡이자리 9h	작은개자리 8h	큰곰자리 11h
공작자리 S	망원경자리 18h	삼각형자리 2h	작은사자자리 10h	큰부리새자리 S
그물자리 S	머리털자리 13h	시계자리 4h	작은여우자리 20h	테이블산자리 S
극락조자리 S	목동자리 14h	쌍둥이자리 7h	전갈자리 16h	토끼자리 6h
기린자리 N	물고기자리 1h	안드로메다자리 1h	제단자리 S	파리자리 S
까마귀자리 12h	물뱀자리 S	양자리 2h	조각가자리 17h	팔분의자리 S
나침반자리 8h	물병자리 22h	에리다누스자리 3h	조각칼자리 5h	페가수스자리 23h
날치자리 S	바다뱀자리 9h	염소자리 11h	조랑말자리 21h	페르세우스자리 3h
남십자성 S	방패자리 19h	오리온자리 6h	직각자자리 16h	헤라클레스자리 17h
남쪽물고기자리 23h	백조자리 21h	외뿔소자리 7h	처녀자리 13h	현미경자리 21h
남쪽삼각형자리 S	뱀의 꼬리 18h	용골자리 7h	천칭자리 15h	화로자리 3h
남쪽왕관자리 19h	뱀의 머리 16h	용자리 N	카멜레온자리 S	화살자리 20h
도마뱀자리 22h	봉황새자리 1h	육분의자리 10h	카시오페이아자리 N	황새치자리 S
독수리자리 20h	북쪽왕관자리 16h	이리자리 15h	컴퍼스자리 S	황소자리 4h

전체 하늘 지도는 앞에 나왔던 지도들처럼 북쪽이 맨 위에, 남쪽은 맨 아래에, 동쪽은 왼쪽에, 서쪽은 오른쪽에 있다. 천구 전체를 어떤 부분도 망가뜨리지 않고 평평한 지도에 그릴 수는 없다 (그 문제에 대해서는 어떤 구도 마찬가지다). 이런 결점을 보완하기 위해 이 지도의 왼쪽 면들과 오른쪽 면들이 겹치고 북극과 남극 주변부도 두 번 나타난다. 이렇게 지도의 한 면에서 둘로 잘린 별자리들은 나머지 면과 이어졌을 때 전체로 보인다.

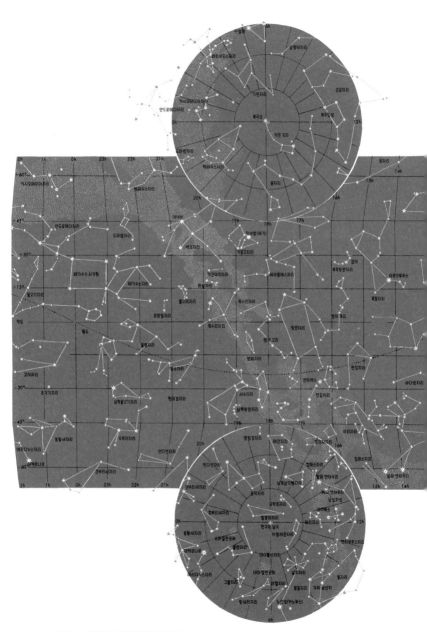

별의 밝기 등급

☼ ☆ ✩ ✶ ✷ ·
0 1 2 3 4 5

가장 밝은 별 21개 목록

밝은 순서대로 나와 있다. 등급 숫자가 낮을수록 더 밝은 별이다.

시리우스(큰개자리): 푸른색, −1.42등급

노인성 또는 카노푸스(용골자리): 노란빛이 도는 흰색, −0.72등급

알파 켄타우리(켄타우루스자리): 밝은 주황색, −0.27등급

아르크투루스(목동자리): 주황색, −0.06등급

직녀별 또는 베가(거문고자리): 푸른빛이 도는 흰색, 0.03등급

카펠라(마차부자리): 노란색, 0.09등급

리겔(오리온자리): 푸른빛이 도는 흰색, 0.15등급

프로키온(작은개자리): 노란빛이 도는 흰색, 0.35등급

아케르나르(에리다누스자리): 푸른색, 0.49등급

베타 켄타우리(켄타우루스자리): 푸른색, 0.61등급

베텔게우스(오리온자리): 붉은색, 0.69등급

견우별 또는 알타이르(독수리자리): 노란빛이 도는 흰색, 0.74등급

알데바란(황소자리): 주황색, 0.86등급

아크룩스(남십자성): 푸른색, 0.87등급

안타레스(전갈자리): 붉은색, 0.89등급

스피카(처녀자리): 푸른색, 0.96등급

폴룩스(쌍둥이자리): 노란색, 1.13등급

포말하우트(남쪽물고기자리): 푸른빛이 도는 흰색, 1.16등급

데네브(백조자리): 흰색, 1.25등급

베크룩스(남십자성): 푸른색, 1.28등급

레굴루스(사자자리): 푸른빛이 도는 흰색, 1.35등급

추천 도서 목록

천문학의 모든 부문에 관한 훌륭한 책들을 몇 권 소개하겠다. 이 주제를 더 공부하고 싶은 사람은 아래 도서 목록을 참고하기 바란다.

가이 오트웰(Guy Ottewell), 『천문 달력(*Astronomical Calendar*)』(연간 발행), 스카이 퍼블리싱(Sky Publishing), 매사추세츠주 케임브리지.

도널드 H. 멘젤(Donald H. Menzel), 제이 M. 파사초프(Jay M. Pasachoff), 『별과 행성 찾기 현장 가이드(*A Field Guide to Stars and Planets*)』 제4판, 호튼 미플린 하코트(Houghton Mifflin Harcourt), 보스턴, 2014.

도널드 A. 쿡(Donald A. Cooke), 『별들의 삶과 죽음(*The Life and Death of Stars*)』, 크라운(Crown), 뉴욕, 1985.

리처드 베리(Richard Berry), 『별을 찾아서(*Discover the Stars*)』, 하모니 북스(Harmony Books), 뉴욕, 1987.

리처드 H. 앨런(Richard H. Allen), 『별 이름 이야기(*Star Names: Their Lore and Meaning*)』, 도버(Dover), 뉴욕, 1963.

벤 메이어(Ben Mayer), 『별 보기(*Starwatch*)』, 페리지/퍼트넘(Perigee/Putnam), 뉴욕, 1984.

아서 P. 노턴과 계승자들(*Arthur P. Norton and successors*), 『노턴 성도(Norton's Star Atlas)』 제19판, 스카이 퍼블리싱, 매사추세츠주 케임브리지.

제이 M. 파사초프(Jay M. Pasachoff), 『초보자를 위한 피터슨 천문학 가이드(*Peterson First Guide to Astronomy*)』 개정판, 호튼 미플린 하코트, 보스턴, 2014.

제이 M. 파사초프(Jay M. Pasachoff), 『현대 천문학(*Contemporary Astronomy*)』 제4판, 선더스 칼리지 출판부(Saunders College Publishing), 필라델피아, 1989.

캐나다 왕립천문학회(Royal Astronomical Society of Canada), 《별보기 핸드북(*The Observer's Handbook*)》(연간 발행).

한스 베흐렌베르크(Hans Vehrenberg), 『태양계 밖의 찬란한 우주 지도(*Atlas of Deep Sky Splendors*)』 제4판, 스카이 퍼블리싱, 매사추세츠주 케임브리지.

월간지 《스카이 앤드 텔레스코프(*Sky and Telescope*)》, 스카이 퍼블리싱, 매사추세츠주 케임브리지.

월간지 《천문학(*Astronomy*)》, 칼름바크(Kalmbach), 밀워키.

옮긴이 허윤정

대학에서 영문학을 전공하고 다양한 기업에서 마케팅을 하다가 비영리 사회단체에서 일
했다. 글밥아카데미를 수료한 뒤 바른번역 소속 번역가로 활동하며 번역을 매개로 시공
을 넘어 사람들을 이어주는 세상의 다리가 되고자 노력하고 있다. 옮긴 책으로는 『나도
나를 어쩌지 못할 때』, 『당신이 명상을 하면 좋겠어요』, 『어느 작은 도시의 유쾌한 촌극』,
『최고임금』, 『고요 속의 힘』, 『이로쿼이 족 인디언이 들려주는 옛날이야기』 등이 있다.

별 헤는 밤을 위한 안내서

1판 1쇄 발행 2021년 2월 25일
1판 2쇄 발행 2021년 6월 30일

지은이 한스 아우구스토 레이

옮긴이 허윤정
감수 및 추천 이정모

펴낸이 김명중 | **콘텐츠기획센터장** 류재호 | **북&렉처프로젝트팀장** 유규오
북매니저 최재진 | **북팀** 박혜숙, 여운성, 장효순, 최재진 | **마케팅** 김효정, 최은영

책임편집 디자인오하라 | **디자인** 이경란 | **제작** 우진코니티

펴낸곳 한국교육방송공사(EBS)
출판신고 2001년 1월 8일 제2017-000193호
주소 경기도 고양시 일산동구 한류월드로 281
대표전화 1588-1580 **홈페이지** www.ebs.co.kr
이메일 ebs_books@ebs.co.kr

ISBN 978-89-547-5613-6 (03440)

크리스토와 잔 클로드의 '부유하는 부두The Floating Pier'

소유가 아닌 공유와 공존의 가치를 보여준 예술가 크리스토의 살아생전 모습.

이제 크리스토와 잔 클로드 부부의 새로운 작품을 볼 기회는 단 한 번 남았다. 2009년 아내 잔 클로드가 먼저 세상을 떠난 후 혼자 작업해오던 크리스토마저 2020년 아내 곁으로 돌아갔기 때문이다. 그가 죽기 전까지 작업해온 '포장된 개선문'이 2021년 9월 18일부터 대중에 공개될 예정이다.

참고 자료

'토마스 사라세노, 거미는 내 작업 동반자… 공생을 배웠다', 《매일경제》, 2019년 11월 14일 ㅣ '인간이 멸종하지 않으려면 거미와 공존해야 한다', 《오마이뉴스》, 2019년 11월 21일 ㅣ '누구의 유토피아가 누구엔 디스토피아… 중요한 것은 공존', 《헤럴드경제》, 2020년 10월 13일 ㅣ '조사라의 현대미술 산책, 생태와 동시대 미술', 《전남일보》, 2020년 09월 27일 ㅣ '세상을 감싸안은 도시와 대지의 미술가', 《동아일보》, 2020년 06월 03일 ㅣ '美 센트럴파크 오렌지색 門 7,500개 설치… 뉴욕 명물로', 《동아일보》, 2005년 02월 13일 ㅣ '즐거움과 아름다움뿐… 소유물 아닌 존재로서 대중과 만나고 숨쉬다', 《세계일보》, 2020년 06월 20일

비행이 끝나고 난 뒤

53세 폐비행기의 화려한 변신

1963년 2월 9일 첫 비행 후 28년 동안 48,060번의 이륙,
64,495시간의 비행을 마치고 25년간 창고에 방치돼 있던
쉰세 살의 비행기. 마지막 기념 비행까지 임무를 마친
비행기는 환호 속에 비행기박물관으로 향했다.

그러나 모든 비행기가 박물관으로 은퇴하는 것은 아니다.
안전기준 미달, 환경기준 미달… '더는 하늘을 날 수 없다'는
진단을 받고 임무를 다한 비행기는 대부분 모하비사막으로
향한다. 넓고 푸른 하늘이 아닌 부품의 부식을 최소화할 수
있는 사막에서 쓸쓸히 마지막 임무를 다하는 비행기들.

미국 캘리포니아 모하비사막은
더 이상 하늘을 날지 못하는 비행기들의
무덤으로 불린다. 제2차 세계대전 직후 만들어져 해병대
기지였다가 한때 우주선 발사장으로도 쓰였던 이곳에 모인
비행기들은 해체되어 폐기처분되거나 쓸 만한 부품은
팔리면서 최후를 맞는다.

코로나19 이후 하늘길이 멈춘 뒤 세계적인 항공사들의
항공기 퇴출과 장기 보관은 사상 최대치를 기록했다.
그런데 더 이상 날지 못하는 비행기를
다시 찾아오는 사람들이 있었다.

독일의 한 항공사에서 30년 가까이 147곳의 목적지로
약 600만 명의 승객을 수송하고 2020년 3월 퇴임한
'파파 알파Papa Alpha'. 항공사는 오랜 파트너로 함께
일했던 비행기를 위해 업사이클링 프로젝트를 준비했다.
'업사이클링Up-cycling'은 재활용품에 디자인 또는
활용도를 더해 가치를 높인 제품으로 재탄생시키는 것을
일컫는다.

비행기 날개로 만든 커피테이블, 비행기 문으로 만든 데스크, 비행기 외피와 창문으로 만든 와인바…. 소재의 내구성과 독특한 모양을 활용해 의자, 테이블, 가방 등 생활용품으로 변신한 비행기는 함께한 동료들에게 제2의 삶을 선물받았다.

끝나버린 비행은 또 '새로운 여행'의 기회가 된다. 수많은 도시를 오가며 생긴 거친 흠집과 투박한 요철을 그대로 유지한 비행기의 외피는 캐리어의 네임태그로 변신하기도 한다. 두 개의 날개가 아닌 네 개의 바퀴와 함께하는 비행기의 여행은 이제 다시 시작이다.

끝나버린 비행은
또 '새로운 여행'의
기회가 된다.

비행기재활용협회 AFRA(Aircraft Fleet Recycling Association)에 따르면, 항공기의 최대 85퍼센트는 재활용이 가능하다. 항공기는 탄소섬유 복합 소재에서 알루미늄과 직물에 이르기까지 다양한 재료로 이루어져 있기 때문에 그만큼 재활용 가치도 높다. 그래서 상태가 좋은 항공기의 부품은 새 항공기에 다시 사용되고, 낡은 항공기는 컴퓨터와 TV 등의 회로기판을 생산하는 데 재사용된다.

다국적 항공우주 및 방위산업체 에어버스Airbus도 수명이 다한 항공기의 일반적인 재활용 방법뿐 아니라, 부품을 재활용해서 가구를 제작하는 등 다각적인 노력을 기울이고 있다. '에어버스 비즈랩'이라 불리는 이 프로젝트는 전 세계 산업 디자이너, 예술가, 가구 디자이너 등이 참여해 항공기 부품으로 제작한 팔걸이 의자부터 커피테이블까지 22개의 실험적인 가구를 선보였다.

창 프레임으로 제작된 사이드테이블, 실내 창문 프레임으로 만들어진 거울, 좌석으로 만든 클라우드 의자, 제트엔진에 티타늄, 유리 등을 결합해 만든 테이블… 비행기 업사이클링의 모범적 사례인 이 프로젝트는 항공산업 폐기물을 처리할 새로운 방안을 제시할 뿐 아니라, 아이디어 넘치는 신진 디자이너들에게 새로운 창작 기회까지 제공하고 있다.

　미국 캘리포니아주의 말리부 언덕에는 퇴역 여객기 보잉747을 재활용해서 지은 집이 있다. 이 주택 프로젝트는 한 의뢰인이 건축가에게 '여성스럽고 곡선이 살아 있으며 자연경관을 해치지 않는 집'을 지어달라고 부탁하면서 시작되었다. 데이비드 허츠 건축사무소David Hertz Architects는 날개 형태의 집을 생각했고, 직접 비행기를 이용하겠다는 놀라운 아이디어를 떠올렸다.

　보잉747로 집을 짓는 것은 거대한 프로젝트였다. 고도의 레이저커팅 기술을 사용했고, 운반을 위해 고속도로까지 통제했다. 그리고 특수 소재로 이루어진 기체에 역학적으로 부합하기 위해 화물용 헬리콥터까지 고용하는 등 어마어마한 금액을 사용했다. 이런 과정을 통해 비행기의 날개는 유려한 지붕이 되어 거친 비바람과 태풍에도 온전히 집을 지켜주었다. 정원에 있는 분수대는 항공기의 엔진덮개인 카울링cowling을 그대로 떼서 만들었다.

　기체의 날개를 낭비 없이 재활용한 친환경 건축의 대표적 케이스인 이 주택은 2016년 세계 최대 규모의 건축 전문 웹진 〈아키타이저Architizer〉가 주관한 '에이플러스 어워드'의 수상작으로도 선정되었다.

　하늘을 가르며 승객들을 실어 나르던 비행기는 이제 우리 일

상 속으로 착륙해서 사람과 함께하는 또 다른 임무를 수행하고
있다.

장난감들아, 너희는 무엇으로 다시 태어나고 싶니?

2019년 영국 버거킹은 어린이 메뉴에 포함되는 플라스틱 장난감 지급을 중단했다. 이 조치는 사우샘프턴 출신 매큐언 자매의 청원에 영향을 받았는데, 이 결과 연간 320톤의 플라스틱 폐기물이 감소할 것으로 전망되었다.

어린이들의 단짝 친구인 장난감도 이제는 '세상에서 가장 복잡한 폐기물'이자 환경 문제의 주범으로 낙인찍히고 말았다. 대개 플라스틱이지만 코팅지와 금속 등으로 조합되어 재활용되지 않은 채 버려져서 동물을 해치고 바다를 오염시키기 때문이다. 그렇지 않아도 집집마다 아이들이 자라면서 천덕꾸러기 신세가 되는 것이 바로 장난감들이다.

그런데 버려진 장난감들이 다시 새 생명을 얻고 있다. 아이들이 자라 다른 세상으로 떠나면서 버려진 불자동차, 티라노사우

루스 친구들이 대변신을 시작했다.

장난감학교 '쓸모' 프로그램에 참여한 아이들은 드라이버를 손에 쥐고 그 어느 때보다도 진지한 표정으로 장난감 자동차의 나사를 풀어 플라스틱 몸통을 들어내고 바퀴를 분해한다. 버려진 장난감들이 이렇게 아이들의 손끝에서 세상에 단 하나뿐인 예술 작품으로 탈바꿈하고 있다. '쓸모' 프로그램을 운영하고 있는 박준성 금자동이 대표는 아이들의 수많은 작품 중에서 '가라앉지 않는 세월호'가 가장 인상적이었다고 말한다.

"쓸모에 온 아이들이 만든 작품 중에서 가장 기억에 남는 게 있어요. 제목이 '가라앉지 않는 세월호'였어요. 플라스틱 조각들을 붙여 배 모양을 만들었는데, 배 위쪽에 날개를 달아놓은 거예요. 가라앉지 말라고. 이걸 만든 아이의 마음이 느껴져 울컥하기도 했어요."

아이들의 천진한 마음과 상상력이 만들어낸 장난감 예술품은 어른들에게 그 어떤 작품보다 더 큰 감동을 안겨준다.

아이들에게 버림받은 장난감들은 예술 작품으로 재탄생할 뿐 아니라, 업사이클링의 재료로 활용되어 새로운 부가가치를 창출하기도 한다. 전국 각지의 장난감들이 모이는 '코끼리공장'은 버려진 폐창고에서 시작된 장난감 업사이클링 센터다. 하루 평균 500~1,000개의 장난감을 수리해서 필요한 곳에 보냈다. 이를 계기로 현대자동차와 함께 비영리기업 '그린무브공작소'를 설립해 전국적인 규모의 '장난감 순환 사업'을 추진하는 등 꾸준히 성장하고 있다.

'코끼리공장'은 단순한 플라스틱 재활용에서 나아가 버려진 장난감을 경쟁력 있는 산업 소재로 재탄생시키는 일도 시작했다. 그런 고민에서 탄생한 것이 '방열판'이다. 방열판은 조명기구의 부품 중 하나로, 장난감 플라스틱을 활용해 만들 수 있다. 매년 버려지는 장난감의 규모가 1조 1,000억 원어치(12만 킬로그램)임을 감안한다면, 장난감의 화려한 변신은 앞으로도 계속될 것으로 보인다.

참고 자료

'깡통 전투기는 무덤에서 관광객 맞는다', 《조선일보》, 2010년 06월 05일 │ '하늘의 한 조각을 실내로, 퇴역 비행기를 재활용한 디자인 프로젝트 a piece of sky', 《디자인맵》, 2019년 08월 25일 │ '비행기 가구로 변신하다, 퇴역 비행기의 재활용법', 《뉴스항공우주》, 2019년 05월 05일 │ '비행기 비즈니스석을 우리집 소파로 들인다고?', 《TIKITAKA》, 2019년 06월 14일 │ 데이비드 허츠 건축사무소 사이트 https://davidhertzfaia.com/747-wing-house │ '장난감 수리 공장에서 어린이를 위한 조명 개발까지', 《이로운넷》, 2020년 12월 12일 │ '버려진 장난감으로 만든 세월호 보고 울컥', 《오마이뉴스》, 2019년 06월 20일

조명의 재조명

빛의 시인, 잉고 마우러의 여정

빛을 밝히는 도구로서의 조명은 켜져 있지 않으면 존재
의미가 없다. 방을 밝히고 길을 비추고 어둠을 몰아내며
무대를 드러내지만 꺼지면 아무도 보지 않는 조명은 그저
천장에 달려 있는 전구에 불과하다.

'조명이 그 자체로 빛날 순 없을까?'
가장 단순한 조명기구인 전구를 사랑한 한 디자이너의
실험은 조명을 예술의 경지에 올려놓았다.
불이 켜지지 않아도 의미가 있고 불이 켜지면 더 아름다운
조명의 예술이 시작된다.

'빛의 연금술사'로 불리는 조명디자인계의 거장 잉고 마우러.
1969년 데뷔작 '벌브Bulb'의 성공 이후 더욱 파격적인 행보를
이어나간 그는 수많은 명작을 선보였다. 전선을 숨기지
않고 교차시켜서 역동성을 부여한 거위의 날개를 단 전구
'루첼리노Lucellino', 80장의 메모지로 제작해 사용자가 직접
꾸밀 수 있도록 한 종이 샹들리에 '제텔즈6 Zettel'z 6',
전구가 꽂인 양 나비와 곤충들이 날아와 구애하는 듯한
'조니 비 버터플라이Johnny B. Butterfly'….

실내를 넘어 도시를 비추던 잉고 마우러의 빛은 창공을 나는
알전구처럼 전 세계를 다니며 그만의 예술혼을 담은
아름다움을 선사하고 있다. 세계 곳곳을 빛으로 물들이며
바쁜 나날을 보내던 중 2007년 광주 비엔날레에 참석한 그는
관계자에게 1980년 5월 빛의 도시 광주 이야기를 듣게 된다.
"광주 이야기를 들으면서 내 앞에 놓인 냅킨을 비틀었다가
다시 폈습니다. 그때 용솟음치는 물기둥을 떠올렸지요."
그렇게 광주 비엔날레 기념 조형물 작업이 시작되었다.
5·18광주민주화운동의 정신을 기리기 위해
15.18미터 크기로 제작한 '평화의 빛'.
강한 에너지를 품고 소용돌이치는 물기둥을 형상화한

이 작품은 '광주를 위한 나무와 같은 물기둥'으로
한국 현대사에 새겨진 광주만의 역동적인 특성을 살렸다.
"억압을 이겨내고 성장통을 겪기도 하는
강하고 의미 있는 무언가를 표현하고 싶었습니다."

그리고 50년 만에 최초의 디자인으로 돌아온 잉고 마우러는
유리 위에 이런 문구를 새겨놓았다.
"가장 아름다운 빛은 인간의 마음으로부터 나온다."

헤닝센과 딕슨이 조명으로 빚어낸 상상력의 세계

2019년 10월 세상을 떠난 잉고 마우러Ingo Maurer는 '빛의 시인'으로 불리며 디자인과 예술의 경계를 자유롭게 넘나들던 크리에이터였다. 독일에서 어부의 아들로 태어나 물과 빛이 춤추는 아름다운 풍경을 보며 자란 그는 어린 시절의 아름다운 기억을 조명 디자인에 고스란히 담아냈다.

1992년 백열전구가 달린 소켓에 날개를 붙인 '루첼리노' 이후, 조명이 아니라 빛을 가지고 무한한 판타지의 세계를 창조했다는 호평을 받으면서 세계적인 디자이너로 급부상했다. 그의 조명은 작은 전구 하나하나에 날개를 달아 새로운 생명을 부여한 예술 작품에 가깝다. 놀라운 상상력과 위트로 조명을 예술의 경지로 끌어올린 그는 '디자인이 예술이냐 아니냐'라는 논란을 잠식시킨 인물로 평가받곤 한다.

조명이 단지 빛을 비추는 기계가 아닌 상상력을 자극하고 환상을 가져다주는 예술 작품임을 증명해보인 잉고 마우러. 그의 새로운 작품은 더 이상 볼 수 없지만, 그동안 선보인 독창적인 발상의 디자인과 철저한 장인정신은 쉬이 사라지지 않는다.

지난 세기 동안 조명의 역사는 눈부시게 발전했다. 단순히 빛을 내는 도구가 아니라 일상에 감동을 주는 예술로 자리매김했다. 잉고 마우러와 더불어 '빛을 디자인할 수 있다'는 걸 보여준 덴마크 출신 디자이너 포울 헤닝센과 웅장한 조명 디자인의 진수를 보여준 톰 딕슨 등이 조명 예술의 한 획을 그었다.

포울 헤닝센Poul Henningsen은 모던 조명의 새로운 기준을 제시한 세계적인 건축가이자 디자이너다. 그의 작품은 전 세계인으로부터 뜨거운 사랑을 받고 있다. 1928년 조명 브랜드 루이스폴센Louis Poulsen과의 작업으로 탄생한 'PH 조명'은 빛을 가장 부드럽게 밝히는 과학적인 설계를 통해 '빛의 황금분할'을 이뤄냈다는 평가를 받았다. 특히 북유럽 디자인을 좋아하는 이들의 경우 포울 헤닝센의 조명은 위시리스트에서 빠지지 않는다.

튀니지 출신의 톰 딕슨Tom Dixon도 전 세계인의 사랑을 받는 디자이너다. 특히 각종 금속을 소재로 한 웅장한 조명 작품이 유명하다. 우주비행사의 헬멧에서 영감을 받은 '미러볼Mirror Ball'을 시작으로, 기술에 예술적인 디자인을 더해 어떤 공간 속에서도 존재감을 강하게 드러내는 작품들을 선보이고 있다.

이제 조명은 더 이상 불을 밝히는 도구에 그치지 않는다. 다양한 재료와 기술을 조합하는 등 흥미로운 작업을 하는 디자이너들 덕분에 예술적 오브제로 남다른 존재감을 갖게 되었다.

"조명을 약간만 바꿔도 우리의 삶이 얼마나 행복해지는지 사

잉고 마우러는 조명으로 상상력을 자극하는 예술 작품을 선보이며 '빛의 시인'으로 불렸다.

람들은 아직 깨닫지 못하고 있다."

잉고 마우러의 말처럼, 조명 하나로도 삶이 달라지고 행복해지는 마법은 어디서나 가능하다.

비즈니스 아트 분야의 창시자 앤디 워홀

"활명수가 뭐예요? 그런 약이 있어요?"

MZ세대에게 활명수活命水는 한 번도 먹어본 적 없는 신기한 물약에 불과했다. 그런데 올해로 출시 124년을 맞은 활명수가 그들의 컬렉션 대상이 되었다. 젊은 작가들과의 지속적인 아트 컬래버레이션으로 재미있는 소비를 추구하는 MZ세대의 감성을 사로잡은 것이다.

활명수는 2013년부터 젊은 아티스트들과의 협업을 통해 한정판을 생산해서 큰 주목을 받고 있다. 크리에이티브 디렉터 박서원, 팝 아티스트 홍경택, 사진조각가 권오상 등이 참여한 116주년 기념판을 시작으로, 117주년에는 미디어 아티스트 이용백, 팝 아티스트 이동기와 협업했다. 119주년에는 인기 캐릭터 카카오

프렌즈와 컬래버레이션한 기념판으로 화제를 모으기도 했다.

예술가와의 협업을 일컫는 '아트 컬래버레이션'은 기업이 남다른 가치를 만들어내는 전략 중 하나로 이미 자리매김했다. 최근에는 예술가가 제품의 생산에서 홍보 마케팅까지 전 영역에 참여하고 있으며, 아트 컬래버레이션은 패션 분야뿐 아니라 식품·자동차·IT제품에 이르기까지 우리 삶의 전 분야로 확대되고 있다.

아트 컬래버레이션의 선구자는 단연 앤디 워홀Andy Warhol이다. "좋은 비즈니스가 가장 훌륭한 예술"이라고 말한 그는 '비즈니스 아트'라는 단어를 탄생시켰다. 1985년 앤디 워홀은 주류회사 앱솔루트의 담당자로부터 병을 소재로 한 그림을 그려달라는 의뢰를 받아 '앱솔루트 워홀'이라는 작품을 탄생시켰다. 또한 키스 해링Keith Haring 등을 아트 컬래버레이션 파트너로 제안하면서 기업 문화로 정착시켰다.

예술과 비즈니스의 동행을 주장하며 본격적인 상업예술을 지향한 그를 순수예술계는 외면했다. 하지만 워홀은 팝아트의 거장으로서 가장 상업적인 성공을 거두면서 아트 컬래버레이션의 창시자로 자리매김했다.

키스 해링 또한 대표적인 아트 컬래버레이션 작가로, 20세기 중후반 뉴욕에서 팝아트가 성장하는 데 일조했다. 앤디 워홀이

캔버스에 대중적인 소재들을 담는 작업으로 팝아트를 했다면, 키스 해링은 길거리와 지하철, 클럽 등 공공의 벽에 자신만의 예술세계를 담아냈다. 그는 국내 기업들과도 아트 컬래버레이션을 진행했다. 화장품 브랜드 더페이스샵과의 협업뿐 아니라, 가전제품을 비롯해서 다양한 패션 브랜드들과의 컬래버레이션도 큰 주목을 받았다.

 '예술을 입은 제품, 제품이 된 예술'이 보편화된 시대다. 아트 컬래버레이션의 도전과 진화로 우리는 예술을 보다 친밀하게 느끼고, 때로는 기묘한 결합을 통해 신선하고 엉뚱한 즐거움까지 누리고 있다.

참고 자료

'빛의 마술사 잉고 마우러, 조명만 바꿔도 삶이 행복해져요', 《매일경제》, 2007년 10월 05일 ㅣ '세계 유명 조명 디자이너 3인의 이야기', 《여성조선》, 2020년 05월 06일 ㅣ 엘리자베스 윌하이드, 『북유럽 모던 인테리어』, 이지민 옮김, 시공아트, 2016 ㅣ 동화약품 홈페이지 http://www.dong-wha.co.kr ㅣ 한젬마, 『한젬마의 아트 콜라보 수업』, 비즈니스북스, 2019

Art of Life

공기처럼 일상처럼
우리 삶에 녹아들다

선전은 예술이다

1940년대 미국 아이보리 비누 잡지 광고.

...ssed to him who stares
at his first birthday candle

...s been an exciting year for you! And what
...you have achieved . . . several teeth and
...of hair and a dauntless pair of exploring

...today, one year after your formal introduction
..., we'll warrant you are blowing excited bubbles
...ning pink candle! (Never mind that no one
...ou a piece of *your* birthday cake. That's a touch
...irony.)

...we remind you that in this past year's dizzying
...here has been one calm but none the less
...s certainty? Every day, sure as the clock ticked
...you've had an Ivory bath!

So let us whisper this word in your ear: *You have
a wise mother.* For she has introduced you to a life-
long friendship with as fine and pure a soap as money
can buy. This is because she treasures the silken com-
fort of your small pink skin. And she knows, too,
that a bath would be a dreadful bore for you—with-
out a milk-white Ivory boat!

P. S.—Surely mother knows your bands and shirts
should be washed in Ivory's bland suds too—to keep
them soft as pussy's ears—to protect your sensitive
skin from the touch of garments cleansed by strong
soap. Surely the doctor who said, "Ivory for baby's
bath," advised "Ivory for his clothes, too!"

. . . kind to everything it touches · 99$^{44}/_{100}$% Pure · "It floats"

대중의 마음을 유혹하는 기술

1929년 뉴욕 맨해튼 5번가, 근사하게 차려입은 여성들의
행진이 이어졌다. 그녀들이 입에 물고 있는 건 '담배'.
"여성은 길거리에서 담배를 피울 수 없다는 편견에 맞서
싸우자!"
미국 내 흡연자 중 여성이 10퍼센트에 불과한 상황에서
공공장소에서의 흡연을 여성해방과 연결한 치밀한 각본에
의해 정교하게 연출된 이벤트.
그 배후에 있던 존재는 다름 아닌 '담배회사'.
이후 여성들의 행진이 전국으로 확산되면서 담배
판매량은 급격히 증가한다.

1930년대 미국의 대공황 시기.

경기 불황으로 도산 위기에 처한 뉴욕의 출판업자들에게

버네이즈는 알쏭달쏭한 조언을 한다.

"책장이 있는 곳에 책이 있게 될 것입니다."

부자들의 집에만 있는 사치품이었던 책장을 새로 짓는 집에

붙박이로 설치하도록 건축가들을 설득하자, 중산층의

허영심을 자극하는 독서문화가 급속히 확산되었다.

집집마다 책장을 들이는 유행이 번지고

그 책장을 채우기 위한 책 판매량 역시 늘어났다.

대중의 심리를 꿰뚫어보고 최초로 선전과 홍보에 이용한

PR의 아버지 에드워드 버네이스. 그의 홍보 전략은 대중의

마음을 움직이고 태도와 행동, 생활 습관까지 바꿔버렸다.

"개인에게 심리가 있다면 집단에게도 심리가 있을 것이다.

사람을 움직이려면 집단의 심리를 알아야 한다."

평소 버네이스를 존경했던 나치의 선전장관 요제프 괴벨스.

그는 독일을 구원할 강력한 메시아의 이미지를 히틀러에게

덧입혔다. 이 치밀한 선전을 위해 동원한 것은 '예술가'들.

"선전은 예술이다."

나치의 선전장관이었던 요제프 괴벨스.

"개인에게
심리가 있다면
집단에게도
심리가 있을 것이다.
사람을 움직이려면
집단의 심리를
알아야 한다."

히틀러가 위대한 지도자 이미지를 가질 수 있었던 이유

독재자, 학살자, 악마….

총통, 위대한 지도자, 독일을 구원할 메시아….

이것은 한 사람에 대한 수식어다. 누가 떠오르는가?

아돌프 히틀러! 전자는 오늘날에, 후자는 1930년대 히틀러의 이름 앞에 붙었던 수식어들이다.

1930년대 히틀러는 어떻게 오늘날과는 전혀 다른, 강력한 지도자의 이미지를 구축할 수 있었을까? 오스트리아 출신의 하층민이었던 그가 어떻게 미래를 이끌어갈 냉철한 지도자이자 카리스마로 무장한 총통 히틀러의 이미지를 가질 수 있었을까?

그것은 요제프 괴벨스, 하인리히 호프만, 레니 리펜슈탈 세 사람이 라디오, 사진, 영상 등 대중 미디어를 동원해 이뤄낸 결과였다. 이는 '선전은 예술'이라는 요제프 괴벨스의 신념이 이뤄낸 성과이기도 했다.

요제프 괴벨스의 무기는 라디오였다. 당시 각 가정마다 저렴한 가격에 라디오를 보급한 그는 이를 통해 히틀러의 연설과 나치의 메시지를 내보냈다. 당시 그 라디오 옆에는 히틀러의 전속 사진사이자 뛰어난 이미지 전략가였던 호프만이 찍은 히틀러의 사진이 놓여 있었다. 그는 1928년 무렵에는 갈색 군복과 나치 문양, 철십자 훈장을 통해 믿음직한 군인이자 열정적인 동지의 이미지를, 1930년대 후반에는 미래를 설계하는 냉철한 지도자의 이미지를 사진에 담았다. 라디오에서 지속적으로 들려오는 히틀러의 목소리와 집집마다 있던 그의 사진은 마침내 독일 국민들을 세뇌시켰다.

레니 리펜슈탈의 다큐멘터리 영상도 히틀러의 이미지를 만드는 데 한몫했다. 1935년 나치 전당대회를 찍은 선전 다큐멘터리 '의지의 승리'와 1936년 베를린 올림픽을 기록한 '올림피아'는 호전적인 투사, 강력한 지도자의 이미지를 히틀러에게 선사했다.

예술을 이용한 선전으로 자신들이 원하는 히틀러의 이미지를 완벽하게 만들어낸 세 사람. 그중 요제프 괴벨스가 존경했고, 히틀러가 직접 자문을 요청하기도 했던 PR의 아버지 에드워드 버네이스Edward Bernays가 그들에게 영향을 끼친 것은 부인할 수 없는 사실이다.

에드워드 버네이스가 실행한 독보적이고 성공적인 선전의 예는 비단 앞에서 언급한 담배와 책의 판매고를 급상승시킨 것뿐만이 아니다.

우리가 익히 알고 있는 '아이보리 비누'를 유행시킨 것도 그의

이 '이미지'를 만드는 데 한몫했던 레니 리펜슈탈의 다큐멘터리 영상.

작품이다. 당시 사람들은 청결에 대해 무관심했고 아이들은 비누를 싫어했다. 이는 프록터앤드갬블에게는 큰 고민거리였다. 버네이스의 전략은 언뜻 보면 이상하기 짝이 없었다. 전국적인 '아이보리 비누 조각 콘테스트'를 개최하라니! 하지만 몇 년 만에 아이보리 비누 수백만 개를 소비할 정도로 학생들 사이에서 비누 조각은 큰 인기를 끌었다. 그뿐 아니라 비누라면 질색하던 아이들이 비누를 친근하게 여기고 좋아하게 되었다.

버네이스는 미국인들의 식습관까지 바꿔놓았다. 1920년대 중반 미국은 주스, 토마토, 커피 등으로 아침 식사를 간단히 해결하는 추세로 돌아서고 있었다. 이에 위기를 직감한 베이컨 제조사 비치너트패킹은 버네이스에게 자문을 청했다. 버네이스는 의사들을 설득해 넉넉한 아침 식사가 건강에 좋다는 발언들을 이끌어내면서 동시에 '베이컨과 달걀'을 강조하는 전략을 구사했다. 베이컨과 달걀의 결합은 이후 미국적인 아침식사의 대명사가 되었다. 이른바 '아메리칸 블랙퍼스트'의 등장이다.

누군가는 대중의 머릿속에 한 정치인의 이미지를 원하는 대로 만들어넣었고, 또 누군가는 대중들의 삶으로 파고들어 라이프스타일을 바꿔버렸다. 예술을 이용해 대중을 움직이던 '선전'은 이제 그 자체로 '예술'이라 평가받을 만하다.

'쓱' 광고, 호퍼의 그림에 상상을 끼얹다

그림을 보는 듯하다. 건조한 느낌의 가구와 벽, 그 벽에 걸린 그림과 거울, 창밖을 내다보는 남자와 소파에 다리를 꼬고 앉아 핸드폰을 들여다보는 여자. '쓱 = ㅅㅅㄱ = SSG = 신세계'라는 연결고리를 만들어내며 2016년 광고계에 돌풍을 일으킨 이 광고, 어디선가 본 듯한 이미지다.

사실 이 이미지는 도시의 일상적인 모습을 그리면서 고독, 외로움, 지루함, 소외감을 표현한 에드워드 호퍼Edward Hopper의 '선로 옆 호텔'을 패러디한 것이다. 호퍼의 강렬한 이미지에 상상력을 불어넣자 세련된 영상미와 엉뚱한 분위기가 구현됐고, 이는 '뉴욕의 방', '브라운스톤의 햇빛' 등을 패러디한 시리즈로 소비자의 눈길을 사로잡았다.

'쓱' 광고는 예술과 광고의 융합을 뜻하는 아트버타이징Artvertising이 무엇인지를 분명하게 보여준다. 이는 순수예술과 '자본주의의 꽃'이라 불리는 상업광고가 만나 또 하나의 예술이 되었다는 의미일 수도 있지 않을까? 미디어학자 마셜 매클루언Marshall Mcluhan은 일찍이 "광고는 20세기의 가장 위대한 예술 형식"이라고 했다.

예술을 활용한 최초의 광고는 존 밀레이John Millais의 '비눗방울
들'을 그대로 지면에 실은 페어스 비누 광고다. 당시 밀레이는 시
장성에 휘둘려 예술의 순수성을 저해했다는 거센 비판을 받았으
나, 이를 시작으로 마네, 드가 등의 작품도 광고 속으로 들어오게
된다. 예술과 광고의 만남은 이렇게 시작되었다.

국내에서 아트버타이징의 신호탄을 쏘아올린 것은 2007년
LG의 기업 광고 '명화 시리즈'다. LG는 세잔, 고흐, 모네 등 사람
들에게 익숙한 명화 속에 제품을 배치시켰는데, 특히 TV 광고에
서는 고흐가 휴대폰으로 해바라기를 찍는 장면을 담기도 했다.
이 시리즈를 통해 LG는 고급스러운 브랜드 이미지를 확보할 수
있었다.

명화를 활용하는 정도를 넘어선 새로운 아트버타이징도 잇
따라 시도되고 있다. SK이노베이션은 김정기의 드로잉, 가립 아
이Garip Ay의 에브루Ebru, 마테오 아콘디스의 하이퍼랩스Hyperlapse
등 예술 기법을 도입해 기업 광고를 제작해 성공을 거둔 바 있다.
또 보건복지부에서 선보인 금연 광고는 손상된 장기를 직접 보
여주던 이전의 방식에서 벗어나 흡연으로 고통받는 폐와 뇌를
현대무용으로 표현해 호평을 받기도 했다.

이뿐만이 아니다. 영화 '그랜드 부다페스트 호텔'의 웨스 앤더

슨 감독이 프라다 광고를, 영화 'HER'의 스파이크 존스 감독이 겐조 향수 광고를 제작하기도 했다. 한편 건물 전체를 거대한 캔 버스로 활용하는 미디어 파사드가 등장해 새로운 미디어아트이 자 새로운 광고 형태로 주목받고 있다. 매스미디어, 광고 등 대중 문화적 시각 이미지를 미술 영역 속에 적극적으로 수용한 팝아 트 역시 블랙야크×하이트진로, 아디다스, 맥도날드 등 다양한 광고에서의 컬래버레이션으로 새로운 경향을 만들어내고 있다.

이처럼 전하고자 하는 메시지를 화려한 예술을 통해 풀어내는 방식은 광고의 목적 달성을 용이하게 하는 한편 사람들이 예술 에 좀 더 쉽게 다가갈 수 있는 기회로 이어진다. 예술과 광고, 광 고와 예술의 만남이 두 영역을 하나로 융합시키는 동시에 각자 의 영역을 더욱 발전시키고 새로운 변화를 촉진하는 계기가 되 리라는 기대는 어쩌면 너무나 당연한 것 아닐까?

참고 자료

'한국인의 집단심리, 우리 WE—대중 유혹의 기술: 보이지 않는 손', EBS, 〈다큐프라임〉, 2015년 09 월 01일 | 래리 타이, 『여론을 만든 사람, 에드워드 버네이즈』, 김현희 외 옮김, 커뮤니케이션북스, 2004 | 오정호, 『대중 유혹의 기술』, EBS MEDIA 기획, 메디치, 2015 | '올댓아트—지갑을 쓱 열게 하는 명화? 예술과 광고의 만남', 《경향신문》, 2019년 01월 07일 | '아트버타이징(Artvertising)의 미래', 《THE PR》, 2017년 07월 17일 | '미디어 파사드: 옥외광고로 실현된 벽 없는 미술관', 《신문과 방송》, 2019년 12월

어디까지
접어봤니?

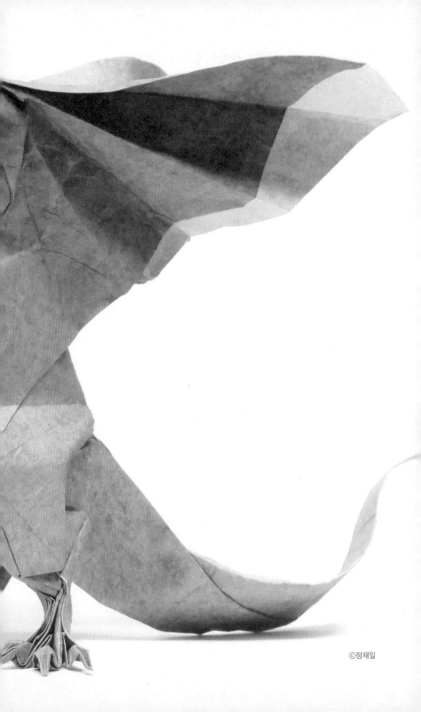

©정재일

종이접기의 영향력, 예술에서 과학까지

종이 한 장을 손으로 접어서 여러 가지 모양을 만드는 놀이,
종이접기. 어디까지 접어봤니?

#종이접기로 세계까지

Q 종이 몇 장 쓰셨어요?
A 한 장요.
Q 뭐 보고 접으셨어요?
A 그냥 제가 접었어요.

작가 정재일이 어린 시절 종이 한 장으로 접은 용을 본 후
성인이 되어서도 손에서 놓을 수 없었다는 종이접기.
6개월에 걸친 고민과 노력 끝에 완성한 '황소'로
2015년 세계 종이접기 창작 작품 공모대전에서 대상 수상,
그는 마침내 세계 1등이 되었다.

#종이접기로 몸속까지

미국에서 단추처럼 생긴 건전지를 삼키는 사고는
매년 3,500건 이상 일어난다. 화상, 출혈, 사망의 원인이
되기도 하는 건전지를 안전하게 꺼내기 위해 개발된
종이접기 로봇. 감싸고 있던 캡슐이
위산에 녹으면 접혔다 펼쳐지면서 이동하는
종이접기 로봇은 자석의 원리를 이용해 건전지를
장까지 끌고 가 안전하게 몸 밖으로 내보낸다.

#종이접기로 우주까지

수없이 많은 우주선 장치들의 부피를 줄이기 위한 최고의
방법, 접기! 평평하고 넓은 면을 아주 작게 접을 수 있고 양쪽

모서리를 잡아당기면 쉽게 펼쳐지는 '미우라 패턴'. 잘 접혀
작아진 태양전지판은 전력 공급을 위해 로켓에 실린다.
이렇게 해서 우주로 날아오른 우주선, 오랜 시간 때가 오기를
기다리던 태양전지판은 조금 늦게 조금 멀리서
생각지도 못했던 면들을 펼쳐내며 비로소 완성된다.

종이접기로 탄생한 북극곰과 펭귄, 사람들의 시선을 끌다

줄지어 늘어놓은 팝콘들 사이에 숨어서 존재감을 뽐내는 하얀 토끼, 아이스아메리카노의 얼음 위에 위태롭게 서 있는 북극곰, 아이폰 화면 속 자신을 바라보는 펭귄. 이 동물들은 모두 종이 한 장을 접어 탄생한 종이접기 작품으로 로스 시먼스Ross Symons의 것이다.

그는 2017년 12월 1일부터 365일 동안 단 하루도 빼놓지 않고 매일 종이접기 작품을 선보이겠다고 결심했고, 그 프로젝트를 인스타그램에 올려 기록했다. 매일 작품을 만들어 올려야 하는 빡빡한 작업에도 불구하고 그는 단순한 종이접기에 만족하지 않았다. 작품에 재미있고 의미 있는 스토리를 입혀 독특하고 색다른 종이접기 예술을 선보인 것이다. 현재 지구온난화로 인해 생존 위기에 처한 북극곰의 현실을 떠올리게 만드는 아이스아메리카노의 북극곰이 대표적이다. 그의 작품이 사람들의 관심을 끈 것은 바로 이 때문이다.

로스 시몬스 외에 곤살로 칼보Gonzalo Calvo의 종이접기 작품도 유명하다. 그는 가로세로 8센티미터의 작은 정사각형 종이를 접어 세상에 존재하는 모든 동물을 만들어낸다. 음악가였던 그는 취미로 시작한 종이접기로 본업보다 더 널리 알려졌는데, 특히 그 동물 특유의 역동적인 동작을 잡아내는 데 탁월하다. 먹이를 낚아채기 위해 땅 가까이 내려오는 독수리, 주변을 경계하며 커다란 나뭇잎을 기어오르는 개구리, 그만의 당당한 자세로 고개를 치켜든 채 서 있는 도베르만, 한 다리로 서서 춤을 추는 듯한 학, 한껏 목을 세우고 울어대는 늑대, 가만히 엎드려 무언가를 응시하는 사자… 그는 수백수천 번의 접기를 반복해 마침내 살아 있는 듯 생명력이 느껴지는 동물들을 만들어낸다.

종이접기를 야외로 가지고 나와 스트리트 아트로 승화시킨 마드모아젤 모리스Mademoiselle Maurice는 세계에서 가장 거대한 종이접기 예술을 보여준다. 현대 건축물의 벽, 오래된 성과 계단, 실내 연못, 지하철역, 해변의 기암괴석, 경기장 등 장소를 가리지 않고 설치되는 그녀의 작품은 적게는 1,000개, 많게는 3만 개가 넘는 종이접기로 꾸며진다.

여기서 드는 궁금증 하나. 그녀는 이 많은 종이접기 작품을 어떻게 만드는 것일까? 혼자서? 그게 가능할까? 그녀는 작품에 대한 계획이 나오면 작품이 설치될 지역의 학교, 레저센터, 교도소 등 지역 커뮤니티들을 상대로 워크숍을 열어 사람들을 종이접기의 세계로 초대한다. 지역 사람들과 함께 그 지역에 아름다운 색

을 입히는 그녀의 작업은 건물뿐 아니라 지역 자체에 생기를 불어넣는 진정한 예술이다.

종이접기는 한 장의 정사각형 종이를 자르지 않고 오직 접기만으로 사물을 만드는 예술이다. 이 종이접기로 만들 수 없는 것은 없다는 것이 종이접기 작가들의 한결같은 말이다. 한계가 없는 종이접기, 또 어떤 형태의 예술로 우리에게 다가올지 자못 궁금하다.

종이접기가 로봇과 우주탐사에 활용된다고?

'종이접기' 하면 무엇이 가장 먼저 떠오르는가? 투명한 유리병을 가득 채웠던 천 마리 종이학? 친구와 누가누가 더 멀리 날리나 시합했던 종이비행기? 실개천 위로 띄워보내며 소원을 빌던 종이배? … 그 추억의 종이접기가 이제는 예술을 넘어 우주공학과 의료기기에까지 활용되고 있다.

종이접기의 거장으로 불리는 로버트 랭 Robert Lang. 그는 종이접기에 수학을 도입해 숨겨진 네 가지 비법을 찾아냄으로써 그 지평을 무한대로 확장시켰다. 많은 사람들이 종이접기를 안다고, 수백 년 동안 해볼 수 있는 것은 다 해봤을 거라고 생각한다. 로버트 랭은 그 생각이 사실이 아님을 일깨워준다. 그는 네 가지 법칙을 활용하면 컴퓨터에 접기 패턴을 입력하는 프로그램을 활용해 무엇이든 만들 수 있음을 보여주었다. 그렇게 종이접기는 예술을 넘어 우주과학, 로봇공학, 의학, 자동차 등 실생활에서 응용되는 기술이 되었다.

바퀴가 커졌다 작아졌다 하는 타이어 로봇. 길이가 최대 17배까지 늘어나는 가제트 로봇팔. 서울대 조규진 교수팀이 개발한 이 두 로봇의 공통점은 바로 종이접기를 핵심 기술로 해서 탄생했다는 점이다. 이 로봇들은 사람을 대신해 복잡하고 위험한 재난 현장이나 극지, 사막, 우주 같은 극한환경에서 활약하게 될 것이다.

타이어 로봇은 직사각형의 종이를 가로와 세로, 대각선으로 접어서 공 모양처럼 만드는 '매직볼 패턴'이라는 종이접기 방식을 이용한 것이다. 접으면 바퀴가 작아지고 펼치면 커진다. 덕분에 바퀴가 커지면 불룩 솟아오른 턱을 문제없이 넘고, 반대로 작아지면 작은 틈도 쉽게 통과할 수 있다. 조규진 교수는 "종이접기 방식은 아주 간단하지만 다양한 모양으로 쉽게 바꿀 수 있다

는 장점이 있기 때문에 앞으로 그 활용도가 더 넓어질 것"이라고
말했다.

한편 로켓에 실리는 인공위성이나 탐사 로봇 등의 무게와 부
피를 줄이고 효율을 높이기 위해 도입된 종이접기는 발전을 거
듭하고 있다. 특히 우주탐사기기에 에너지를 공급하는 태양전지
판은 처음에는 일본의 미우라 코료 박사가 '미우라 접기' 방식을
적용하기도 했으나, 로버트 랭이 참여한 연구팀은 수학적 계산
을 통해 새로운 종이접기 방식을 찾아냈다. 가운데 구멍이 뚫린
육각형 모양의 태양전지판은 펼치면 25미터가 넘는데, 현재 국
제우주정거장에서는 이 태양전지판 여덟 개가 약 84킬로와트의
선력량을 생산하고 있다. 이 연구팀은 전력량 250킬로와트를 목
표로 계속 연구 중이다.

종이접기 기술은 극소 의료 분야에서도 빛을 발하고 있다. 옥
스퍼드대학의 정유 박사가 개발한 심장 스텐트는 작은 혈관을
통과할 정도로 굉장히 작은 크기로 주입되는데, 폐색 동맥에 도
착하면 세 배 크기의 원통형으로 펼쳐진다. 여기에 적용된 것이
물풍선 모양을 기본으로 하는 종이접기 패턴이다.

미국 유타주에 있는 브리검영대학에서 개발한 수술용 로봇의
정교한 수술 능력 역시 종이접기 덕분이다. 부품 간의 이음새 부
분을 늘리는 대신 접으면 모양이 바뀌도록 설계해 그 크기를 혁
신적으로 줄일 수 있었다. 기존의 수술용 로봇이 수술할 때 절개

범위가 5센티미터가량이라면 이 로봇은 1센티미터 미만으로 줄일 수 있다.

이뿐 아니다. 찰나의 시간에 꼬임 없이 터져야 하는 에어백, 수송 능력을 늘려주는 굴절 버스, 입체적으로 변신하는 바오바오 백 등 종이접기의 과학은 우리 생활에 깊숙이 들어와 있다. 종이접기와 과학의 만남이 만들어내는 무한한 가능성은 이제 시작일 뿐이다.

참고 자료

'종이접기의 대가 로스 시몬스', 디자인프레스 블로그, 2018년 05월 11일 | 플리커의 곤살로 칼보 블로그 | 마드모아젤 모리스 공식 홈페이지 | 로버트 랭, 『로버트 랭의 완벽한 종이접기』, 김지원 옮김, 비전코리아, 2019 | '변신 로봇이 뚝딱! 종이접기, 과학이 되다!', 《어린이과학동아》, 2015년 19호 | '과학 오디세이 — 종이접기의 과학', 《경향신문》, 2015년 08월 02일 | '부품 필요 없는 종이접기…로봇공학을 바꾼다', 《한겨레신문》, 2018년 04월 23일 | '종이접기를 만난 의료기기, 새로운 가능성을 보여주다', 《베네핏매거진》, 2016년 04월 15일

디자인 수업은
선택이 아닌 필수

영국은 왜 디자인 교육을 중시할까?

영어, 수학, 과학, 체육….
어느 나라 초등학교든 필수 과목은 비슷하다. 그런데 영국의
초등학교 수업 중에 유독 눈에 띄는 과목이 있다. 바로
'디자인과 기술Design&Technology'. 영국은 왜 디자인 수업을
초등학교 필수 과목으로 정했을까?

1975년부터 요리, 테크니컬, 드로잉, 섬유공예, 목공 등을
선택 과목으로 배우게 한 영국의 디자인 수업은
1989년 이들 과목을 '디자인과 기술'로 통합했다. 그리고
학생들은 만 14세까지 이 수업을 필수적으로 들어야 한다.

디자인 수업은 선택이 아닌 필수

'디자인과 기술' 수업은 저학년 때는 일반 미술시간과
비슷하게 보일 수도 있다. 그러나 고학년으로 올라가면
아이디어를 생각해내고 그에 적합한 재료를 선택해 본격적인
디자인 작업을 해나간다. 가장 기초적인 디자인 교육에서
시작해 일상생활에서 자주 쓰는 제품을 직접 디자인하고
제작하는 데까지 확장된다.

고학년이 되면 자신이 만들 제품에 필요한 자료를 조사하고
디자인에 영향을 주는 요소를 고민해서 단면도, 분해조립도,
설계도 등을 직접 그려본다. 그리고 점차 소비자의 입장에서
디자인을 생각한다.
'이 제품은 무엇으로 차별화를 이뤄야 할까?'
'어떤 디자인이 사용하기에 편리할까?'

학생들은 자신이 만들고자 하는 제품의 콘셉트를 잡은 후
수요를 예측하는 방법에 접근하고, 디자인에 영향을 미치는
문화적인 요소와 사회적 환경까지 살펴본다. 더 나아가
스스로 디자인한 제품을 직접 판매하는 경험도 하면서
자연스럽게 마케팅 감각을 체득한다.

이런 수업 과정으로 인해 '디자인과 기술' 과목은 '실용적인
문제해결이 일어나는 유일한 교육과정'이라는 평가를 받고
있다.

현재는 '미술과 디자인Art&Design'까지 초등 필수 과목으로
추가되었다. 이처럼 영국의 디자인 교육에 대한 관심은
상당한 동시에, 지속적이며 지대하다. 바로 이것이
영국이 세계의 디자인 수도로 불리는 이유다.

라이프스타일을 재창조하는 덴마크 사람들의 생활 디자인

'애플의 영혼'이라 일컬어진 조너선 아이브Jonathan Ive, 인테리어 디자인계의 거장이자 사업가 테런스 콘랜 경 sir Terence Conran, 패션계의 거장 폴 스미스Paul Smith와 존 갈리아노John Galliano. 서로 다른 분야에서 활동하고 있지만 이들의 공통점은 모두 영국 출신의 디자이너라는 점이다.

영국은 명실상부 디자인 최강국이다. 한때 '세계의 굴뚝'으로 불리던 영국은 두 번의 세계대전을 겪으면서 국력이 쇠락해 1976년 급기야 IMF 관리체제에 들어갔다. 이후 제조업에서 모멘텀을 잃은 영국은 과감히 디자인산업 육성에 집중해 다시 경제대국의 위상을 되찾았다. 이후 영국 정부는 '디자인과 기술' 과목을 정규 과정으로 편성하고 디자인 교육을 의무화했다.

영국식 STEM(Science, Technology, Engineering, Mathematics) 교육에 아트Art 과목이 추가된 것으로, 학생들은 초등학생 때부터 디자인을 배워서 고등학교 졸업 시 자신이 직접 디자인한 제품을 갖게 된다. 이런 교육 시스템을 통해 영국인들은 21세기 산업 제품의 디자인을 주도하고 있을 뿐 아니라, 삶 속에서 디자인과 예술을 생활화하고 있다.

"다수의 소비자가 날카로운 안목을 가진 시장에서 디자인 산업이 발전 못할 리 없지 않나. 영국의 디자인 교육은 나쁜 디자인을 솎아낼 줄 아는 현명하고 센스 있는 소비자를 길러낸다."

리처드 그린 전 D&T 협회장의 이 말은 영국이 어떻게 디자인 강국이 되었는지를 잘 설명해준다.

디자인과 예술은 라이프스타일과 밀접한 연관이 있다. 일상생활에서 영감을 주는 좋은 디자인 제품을 즐기면 삶은 그 디자인을 닮아간다. 핀란드와 덴마크를 비롯한 북유럽 사람들의 라이프스타일 역시 그들이 사랑하는 디자인 브랜드와 함께 전 세계로 퍼져나갔다.

수년 전부터 우리나라에서도 북유럽 출신 디자이너들의 제품이 각광받고 있다. 스칸디나비안 라이프스타일 브랜드 이딸라Iittala의 테이블웨어와 패브릭, 핀란드의 디자인하우스 마리메꼬Marimekko의 패션과 소품, 빛을 디자인하는 덴마크 조명 브랜드 루이스폴센Louis Poulsen의 제품들은 선풍적인 인기를 끌었다.

특히 세계 행복지수 1위 국가인 덴마크의 '휘게 문화'가 우리나라에서도 주목받으면서 덴마크 사람들의 생활 디자인에 대한 관심도 급증했다. 덴마크어로 '일상 속 소소한 즐거움에서 오는 행복'을 뜻하는 휘게Hygge는 옥스퍼드 사전에 등재될 정도로 세

디자인과 예술은
라이프스타일과
밀접한 연관이 있다.
일상생활에서 영감을
주는 좋은 디자인
제품을 즐기면
삶은 그 디자인을
닮아간다.

계적인 라이프스타일 트렌드로 자리매김했다.

삶의 근심과 걱정을 내려놓고 소중한 사람들과 함께 시간을 보내며 서로 감사하는 삶, 저마다의 휘게 라이프를 담은 디자인은 인테리어와 리빙 트렌드 등 그들만의 라이프스타일을 고스란히 담고 있다. 이처럼 좋은 디자인이란 삶의 질을 개선시키고 나만의 라이프스타일을 만드는 데 중요한 역할을 한다.

개인과 조직의 아이덴티티가 담긴 건축과 공간

코로나 시대, 디자인의 역할은 더욱 커지고 있다. 특히 집이 단순히 잠만 자는 곳이 아닌, 업무와 휴식 그리고 취미생활까지 해야 하는, 가장 오래 머무는 복합적인 공간이 되면서 '공간 디자인'의 중요성이 더욱 커졌다. 이런 흐름을 반영하듯 2020년 한 해 동안 리빙시장은 패션시장을 뛰어넘어 41조 원 규모로 폭발적인 성장을 했다.

IT회사에 근무하는 워킹맘 이지원 씨는 재택근무 기간이 길어지자 주방 한 켠의 수납장을 버린 뒤 책상과 조명 등을 배치하고 가벽을 만들어 자신만의 업무 공간을 마련했다. 누구라도 인테리어 플랫폼인 '오늘의집' 속 다양한 사례를 바탕으로 셀프인테리어를 할 수 있다. 오늘의집을 운영하는 버킷플레이스는 최근 세계적인 투자사 본드캐피털BOND Capital이 투자한 첫 번째 한국 스타트업이 되었다.

이제 공간 디자인에 대한 관심은 특정 세대와 계층을 넘어섰다. 하루 중 가장 많은 시간을 보내는 공간을 가장 나답게 꾸며서 개성을 담아내고, 그런 공간에서 일하고 생활하는 것이 '나를 사랑하는 법'임을 깨닫게 된 것이다.

건축과 공간 디자인은 우리 삶과 가장 친근한 예술이다. 프리츠커상을 수상한 스위스 건축가 페터 춤토어Peter Zumthor는 공간의 분위기를 결정하는 요소로 물질의 조합, 공간의 소리, 온도, 주변 사물, 빛, 일관성, 아름다운 형태 등을 꼽았다. 이 요소들을 취향에 맞게 채워나가는 작업은 그 자체로 '예술을 경험하는' 시간이 될 수 있다.

공간 디자인의 중요성은 개인에게만 국한되는 이야기가 아니다. 기업들은 '디자인이 고객과 만나는 시작과 끝'이라고 강조할 정도로 디자인 경영에 몰입하고 있다. 특히 브랜드의 정체성과 지향점을 담아 디자인한 공간을 마케팅 수단으로 삼는 방법은 보편화되었다. 금융회사인 현대카드의 라이브러리 공간 시리즈

뿐 아니라, 패션 브랜드 젠틀몬스터의 시즌별 디자인 체험 공간은 좋은 사례로 꼽힌다.

사람과 기업의 아이덴티티를 담은 공간에 대한 니즈는 갈수록 커질 것이다. 내가 가장 오래 머무는 공간에 나만의 취향을 담아내는 일에 관심을 갖는 이들이 점점 더 많아지고 있기 때문이다.

참고 자료

'디자인 강국, 그 경쟁력의 뿌리를 찾아서 — 영국', 《동아일보》, 2010년 05월 26일 | '디자인 강국의 힘은 이 교실에서 나온다', 《조선비즈》, 2007년 10월 05일 | '사이언스프리즘, 디자인과 코딩', 《세계일보》, 2019년 07월 10일 | '자연을 결합한 첨단미학 휘게 라이프, 덴마크의 디자인과 현대건축', 《매일경제》, 2017년 11월 02일 | '한쪽 눈으로 영국인의 삶을 바꾸다', 《조선일보》, 2020년 09월 13일 | 안애경, 『핀란드 디자인 산책』, 나무수, 2009 | 마이크 비킹, 『휘게 라이프, 편안하게 함께 따뜻하게』, 정여진 옮김, 위즈덤하우스, 2016 | '오늘의집, 770억 투자 유치', 《블로터》, 2020년 11월 23일

수학을
포기하지 않는 법

수포자와 과포자는 어떻게 물리학도가 되었나?

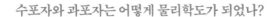

"포기할까? 수도 없이 고민해요. 수학, 과학 못하면 인생
낙오자인가요?"
대한민국 학생들이 왜 공부해야 하는지도 모르는 채
가장 많은 시간을 할애하는 과목은 수학과 과학이다.

전 세계 58개국 중등 2학년 학생들을 대상으로 조사한
'수학 과학 성취도 추이 변화 국제 비교연구(2019)'에 따르면
우리나라 학생들의 수학과 과학 성취도는 매우 높지만
'좋아하지 않음'이 61퍼센트(국제 평균 41퍼센트)에 육박한다.
과학에 대한 자신감과 흥미도는 수학보다 더 떨어져

'자신 없음'이 65퍼센트(국제 평균 38퍼센트)에 이른다.

수학, 과학 수업 시간에 멍하니 앉아 딴생각만 하는 아이들,
그런데 선생님이 야단을 치는 대신 뜻밖의 제안을 했다.
"음악과 관련된 프로젝트에 참여해볼래? 음악에
수학과 물리를 결합해볼 거야."
"네? 수학이랑 물리를요? 과연 할 수 있을까요?"
호기심 반 걱정 반으로 시작된 의문의 프로젝트는
종전의 수학과 과학에 대한 선입견을 단번에 날려주었다.

"악보의 음표들이 좌표의 점처럼 찍혀 있는 거 같지 않아?"
누군가의 아이디어를 시작으로, 쉬운 동요 악보를 이용해
음계를 수학적으로 표현하는 법을 함께 고민하는 아이들.
수학에 대한 기초 지식이 부족했지만 그때그때 공부하면서
문제를 해결해나갔다.

아이들은 가시광선의 색 파장에 음계를 대입해 음의 높낮이를
색으로 표현하면서 서서히 수학과 물리에 흥미를 갖게 되었고
청각장애인을 위한 색악보집까지 완성했다.

"그동안 음악 듣는 걸 너무 당연하게 생각했는데 청각장애인에 대해 처음으로 생각해보게 됐어요."

한때 수포자·과포자였던 임채윤 군은 이 융합 수업을 통해 수학과 과학에 흥미를 갖게 되었고, 이후 한양대 응용물리학과에 진학해 지금은 청각장애인들을 위한 기기설계를 공부하고 있다.

STEAM, 융합교육이 만들어내는 창조 에너지

　예술은 모든 학문을 관통한다. 특히 공통 요소가 없을 것 같은 이공계 학문과의 융합은 놀라울 정도의 시너지를 가져온다. STEAM 교육의 열풍이 전 세계로 이어지는 이유도 여기에 있다. STEAM은 STEM(Science, Technology, Engineering, Mathematics)에 예술을 뜻하는 Art를 더해 이공계와 예술의 융합을 시도했다. 그리고 STEM보다 한 단계 높은 차원의 학문간 융합을 통해 시너지 효과를 이루려는 목적을 담고 있다.

　이 개념은 로드아일랜드 디자인스쿨의 총장 존 마에다John Maeda에 의해 알려졌다. 그는 MIT에서 공부하며 기술만으로 혁신을 이루는 데는 한계가 있음을 느꼈다. 그 후 일본의 한 예술학교에 진학해 디자인을 공부하면서 그 부족한 부분이 '예술'임을 깨달았다. 그가 설파한 STEAM은 예술이 이공계 학문과 근본적으로 통할 뿐 아니라, 융합으로 혁신을 이룰 수 있는 획기적인 교육법으로 각광받고 있다.

　우리나라의 일선 학교에서도 STEAM 교육이 강화되고 있다. 한국과학창의재단에 따르면, 융합 인재 교육을 위한 STEAM 리더스쿨은 2011년 16개에서 2020년 총 310개로 늘어났으며, 창의융합교육 선도학교도 2016년 52개교에서 2020년 총 811개교로 확대되었다. STEAM 수혜 학생 수도 2012년 18,791명에서 2020년까지 총 232,302명으로 크게 증가했다.

STEAM 교육의 확대는 예술에도 지대한 영향을 미치고 있다. 예술계 역시 AI, 가상현실과 증강현실 등 과학기술의 진보로 인한 새로운 패러다임의 전환을 피하기 어려워보인다.

뉴미디어아트 예술가들도 STEAM을 통해 획기적인 작품세계를 펼쳐나가고 있다. 이들은 새로운 재료와 화풍을 연구하듯 '알고리즘 기법'을 배운다. 프로그래머도 아닌 예술가가 알고리즘을 배우는 이유는 무엇일까? 예술가, 수학자, 컴퓨터 애니메이터 등으로 구성된 다국적 예술가집단 팀랩의 작품 활동을 보면 그 답을 찾을 수 있다.

팀랩의 뉴미디어아트는 터치스크린과 증강현실 같은 디지털 기술을 활용한 작품이며, 알고리즘을 이용해 관객이 작품과 상호작용할 수 있도록 했다. 2020년 9월 동대문디자인플라자DDP에서 열린 전시에서 팀랩은 압도적 스케일의 공간을 통해 디지털 세계 속에 탄생한 동식물들이 관객의 움직임에 반응하는 놀라운 경험을 선사했다.

국내 뉴미디어아트 작가로는 2014년 '올해의 예술가상'을 받

Science
Technology
Engineering
Art
Mathematics

은 양민하를 꼽을 수 있다. 설치물 제작부터 전기회로 설계, 알고리즘 코딩까지 작품에 필요한 모든 요소를 직접 만드는 그는 "새로운 기법은 곧 새로운 표현 방식"이라고 말하면서 매년 새로운 언어나 알고리즘 기법을 익히고 있다.

뉴미디어아트는 나날이 진화하는 중이다. 예술과 과학은 점점 더 큰 시너지를 발산해서 관객들에게 전에 없던 새로운 경험을 선사할 것으로 보인다. 이처럼 첨단기술은 예술의 품에 안겨 놀라운 작품으로 승화되고, 인문학과 결합해 사람의 마음을 움직이는 제품을 만들어내고 있다.

뉴욕현대미술관이 게임을 예술로 인정한 이유

"게임은 망국의 유희다."

10여 년 전, 국내 모 경제지가 게임의 유해성을 강조하면서 게재한 칼럼의 제목이다. 그 무렵 현대미술의 심장이라 불리는 뉴욕현대미술관MoMA은 '테트리스' 등의 비디오 게임 작품전을 연다고 발표했다. 비디오 게임을 예술의 한 장르로 택한 최초의 전

시였다. 1980년대부터 2000년대까지의 게임 총 14점을 1차 전시했고, 2013년에는 '마인크래프트'도 작품으로 선정했다.

뉴욕현대미술관이 게임을 예술 작품으로 인정한 이유는 무엇일까? 큐레이터 파울라 안토넬리는 "게임은 예술이다. 관객과 작품이 상호작용하는 인터랙션 디자인의 대표 작품이다"라고 말했다. 천대받던 게임이 현대 디자인의 독창성을 표현한 작품으로 인정받은 셈이다.

세계 최고의 박물관 스미소니언도 2012년 대형 박물관 최초로 '비디오 게임 예술Art of Video Games'이라는 게임 특별전을 개최했다. 그리고 독일의 전통적인 미디어 교육기관인 센터 ZKM도 2013년부터 게임 플랫폼을 개관했다. 디지털화된 우리의 삶이 게임에 큰 영향을 받고 있으며, 놀이와 예술의 실험적 형태로서 게임을 바라볼 필요가 있다고 판단했기 때문이다.

게임이 예술로 인정받을 수 있느냐 여부를 둘러싼 논란은 여전히 계속되고 있다. 하지만 영국과 북미, 일본에서는 10여 년 전부터 게임을 예술로 발전시키기 위한 노력이 이어졌다. 미국은 2012년 게임을 예술의 한 분야로 인정해, 인기 게임의 개발자를 예술 작가로 평가하고 예술 프로젝트 보조금 분야에 포함시켰다. 또한 유명한 개발자는 스타 예술가와 CEO 못지않은 주목을 받는다. 세계인을 열광시킨 비디오 게임 '마리오'의 창시자 미야

모토 시게루는 2006년 프랑스의 예술문화훈장 슈발리에장을 받았고, 《뉴욕타임스》는 그를 '비디오 게임계의 월트 디즈니'라고 칭송했다.

최근에는 게임의 콘텐츠 확장성으로 인해 예술적 가치가 더욱 부각되고 있다. 게임은 특정 IP(지식재산권) 하나만으로도 영화, 음반, 애니메이션, 웹툰, 캐릭터 상품, 출판 등 다양한 콘텐츠로 확대되면서 부가가치를 극대화시킬 수 있다.

국내 게임사들도 게임을 예술로 조명하려는 시도를 이어가는 중이다. 넥슨은 2012년 '마비노기' IP를 활용한 기획전 '경계 없는BORDERLESS'을 연 후 제주도에 넥슨박물관을 설립했다.

게임이 지닌 예술적 가치는 다양한 콘텐츠로의 확장성에 힘입어 제고되고 있지만, 무엇보다 게임의 '인터랙티브' 성격이 주된 요인으로 작용하고 있다. 이는 인간과 기술의 관계를 재조명하는 색다른 경험을 할 수 있게 해준다. 게임은 분명 흥미와 재미에 집중한 상업적 콘텐츠로 탄생했다. 하지만 이제는 여러 콘텐츠가 가진 특징을 결합한 하나의 예술로 거듭나기 위해 노력하고 있다.

참고 자료

'초중학생 수학·과학 성적 세계 최상위권… 흥미는 바닥', 《국민일보》, 2020년 12월 09일 | '2020 과학창의 연례통계', 한국과학창의재단과학창의정책팀, 2021년 04월 09일 | '주말N수학, 예술가가 알고리즘을 공부하는 이유', 《동아사이언스》, 2020년 08월 29일 | '게임은 예술로 인정받을 수 있을까', 《ZDNet KOREA》, 2017년 01월 31일 | '2013년, 뉴욕/ 예술과 기술, 게임에 관한 짧은 보고서', 〈유원준의 문화/예술 비평〉, 2014년 8월 16일 | 'j story, 닌텐도 게임 마리오의 창조자 미야모토 시게루', 《중앙일보》, 2010년 12월 11일 | '게임 만평, 멀티 유즈 통해 예술로 인정받은 게임', 《스포츠조선》, 2018년 04월 05일

그림과 사진 출처

4~5쪽 ⓒSteven May / Alamy Stock Photo | 15쪽 오영준 간호사 제공 | | 18쪽 김세경 작가 제공 | 24~25쪽 ⓒ RabbitHolePhoto / Shutterstock.com | 29쪽 손경애 할머니(순천 소녀시대) 제공 | 40~41쪽 ⓒMalcolm Park / Alamy Stock Photo | 42~43쪽 ⓒMalcolm Park / Alamy Stock Photo | 47쪽 ⓒGuy Bell / Alamy Stock Photo | 51쪽 ⓒ ZUMA Press, Inc. / Alamy Stock Photo | 54~55쪽 ⓒPhotoFires / Shutterstock.com | 56~57쪽 ⓒUniversal Images Group North America LLC / Alamy Stock Photo | 60쪽 ⓒPictorial Press Ltd / Alamy Stock Photo | 72~73쪽 ⓒ Konmac / Shutterstock.com | 77쪽 ⓒVanderWolf Images / Shutterstock.com | 80쪽 ⓒEQRoy / Shutterstock.com | 82~83쪽 ⓒLewis Tse Pui Lung / Shutterstock.com | 90~91쪽 ⓒUPI / Alamy Stock Photo | 94쪽 ⓒAlexandros Michailidis / Shutterstock.com | 104~105쪽 건축사사무소 遊於藝(유어예) 제공 | 110쪽 해녀의부엌 제공 | 117쪽 ⓒ David-S / Shutterstock.com | 121쪽 ⓒEQRoy / Shutterstock.com | 124~125쪽 ⓒArchcultures / Shutterstock. com | 128~129쪽 ⓒRaymond Tang / Alamy Stock Photo | 133쪽 ⓒRaymond Tang / Alamy Stock Photo | 144쪽 ⓒZUMA Press, Inc. / Alamy Stock Photo | 154~155쪽 고정순 작가 제공(김홍식 글, 고정순 그림, 『아빠의 술친구』, 씨드북, 2019) | 166~167쪽 ⓒpaul prescott / Shutterstock.com | 171쪽 ⓒLewis Tse Pui Lung / Shutterstock.com | 172~173쪽 ⓒJulie Mayfeng / Shutterstock.com | 178쪽 ⓒVictor Moussa / Shutterstock.com | 182~183쪽 ⓒPA Images / Alamy Stock Photo | 187쪽 ⓒGuy Bell / Alamy Stock Photo | 192~193쪽 ⓒs74 / Shutterstock.com | 194쪽 ⓒStefano Guidi / Shutterstock.com | 208~209쪽 ⓒdpa picture alliance archive / Alamy Stock Photo | 213쪽 ⓒAlizada Studios / Shutterstock.com | 216쪽 ⓒImage Professionals GmbH / Alamy Stock Photo | 222~223쪽 ⓒRetro AdArchives / Alamy Stock Photo | 226쪽 ⓒWorld History Archive / Alamy Stock Photo | 230~231쪽 ⓒWorld History Archive / Alamy Stock Photo | 236~237쪽 정재일 작가 제공 | 244~245쪽 ⓒHemis / Alamy Stock Photo | 262쪽 ⓒcc-images / Shutterstock.com | 276쪽 ⓒKIKE CALVO / Alamy Stock Photo | 278~279쪽 ⓒ Bettina Strenske / Alamy Stock Photo

게재 허락을 받지 못한 사진은 저작권자가 확인되는 대로 허락을 받고 통례에 따라 사용료를 지불하겠습니다.

EBS 지식채널 ⓔ × 누구나 예술가

1판 1쇄 발행 2021년 7월 30일

지은이 지식채널 ⓔ 제작팀
해설 글 옥귀희

펴낸이 김명중
콘텐츠기획센터장 류재호 | 북&렉처프로젝트팀장 유규오
북팀 박혜숙 여운성 장효순 최재진 | 마케팅 김효정 최은영

책임편집 최서윤 | 디자인 박대성 | 인쇄 형제아트(주)

펴낸곳 한국교육방송공사(EBS)
출판신고 2001년 1월 8일 제2017-000193호
주소 경기도 고양시 일산동구 한류월드로 281 | 대표전화 1588-1580
홈페이지 www.ebs.co.kr

ISBN 978-89-547-5929-8 04300
ISBN 978-89-547-5415-6 (세트)